by James Richard

ALGEBRA WORKBOOK 3

Copyright © 2020

All rights reserved. No part of this publication may be reproduced, distributed, or transmitted in any form or by any means, including photocopying, recording, or other electronic or mechanical methods, without the prior written permission of the publisher, except in the case of brief quotations embodied in critical reviews and certain other noncommercial uses permitted by copyright law. For permission requests, write to the publisher using address below.

delightfulbook@gmail.com

© 2020

Contents

UNIT FUNCTION 1
CONSTANT FUNCTION 2
INVERSE FUNCTION 3
PROPERTIES OF INVERSE FUNCTIONS 6
COMBINIG FUNCTION 8
PROPERTIES OF COMBINING FUNCTIONS 10
TEST WITH SOLUTIONS 13

LOGARITHM 54
Definition: 54
PROPERTIES 54
INVERSE OF A LOGARITHM FUNCTION 59
TEST WITH SOLUTIONS   61

LIMIT 113
Definition 113
PROPERTIES 113
UNCERTAINITIES 114
LIMITS OF TRIGONOMETRIC FUNCTIONS 118
TEST WITH SOLUTIONS 121
 QUESTIONS 139

THE DERIVATIVE 173
Definition 173
RULES FOR TAKING DERIVATIVE 174
DERIVATIVE OF CLOSED FUNCTIONS 176
DERIVATIVE OF COMBINING FUNCTIONS 177
DERIVATIVE OF PARAMETRIC FUNCTIONS 178
DERIVATIVE OF TRIGONOMETRIC FUNCTIONS 180
DERIVATIVE OF INVERSE TRIGONOMETRIC FUNCTIONS 183
DERIVATIVE OF LOGARITHMIC FUNCTIONS 184
DERIVATIVE OF EXPONENTIAL FUNCTIONS 185

HIGHER ORDER DERIVATIVES 186
L´ HOSPITAL RULE 1888
TEST WITH SOLUTIONS 190
QUESTIONS   219

INTEGRAL 266
Definition: 266
PROPERTIES FOR TAKING INDEFINITE INTEGRAL 266
BASIC THEOREMS IN INTEGRAL CALCULATIONS 269
METHODS FOR TAKING INTEGRALS 270
3. SEPARATING INTO RATIONAL NUMBERS METHOD 274
DEFINITE INTEGRAL 276
PROPERTIES OF DEFINITE INTEGRAL 276
APPLICATION OF DEFINITE INTEGRAL 279
TEST WITH SOLUTIONS 283
Questions 300

UNIT FUNCTION

f(x)=x $\Rightarrow f(Unit\ function)$

f(x)=x

(Example):

$f(x) = (4 - a)x + 2b + 6$

$If\ f(x)\ is\ a\ unit\ function, What\ is\ $ a+b?

(Solution):

$4 - a = 1 \quad (and) \quad 2b + 6 = 0$

$a = 3\ (and)\ b = -3$

$a.b = 3 + (-3) = 0$

CONSTANT FUNCTION

$f(x) = c, c \epsilon R \Rightarrow$ $\qquad$ (f is a constant function)

(Example):

$f(x) = (2a - b + 5)x + 2bx + 1$

if $f(x)$ is a constant function, what is $a + b$?

(Solution):

$f(x) = (2a - b + 5)x + 2bx + 1$

$2a - b + 5 = 0 \ (and) 2b = 0 \Rightarrow 2a - 0 + 5 = 0$

$a = -\frac{5}{2} \Rightarrow a + b = -\frac{5}{2} + 0 = -\frac{5}{2}$

(Example):

$f(x) = \frac{3x+a}{4x-8}$

If $f(x)$ is a constant function, what is a?

(Solution):

$\frac{3x+a}{4x-8} = k$

$3x + a = 4kx - 8k \Rightarrow 4k = 3, a = -8k$

$x = \frac{3}{4}, \qquad a = -8.\frac{3}{4}, \qquad \Rightarrow \qquad a = -6$

INVERSE FUNCTION

$f: A \rightarrow B \quad ; f^{-1}: B \rightarrow A$

$f(x) = y \Rightarrow f^{-1}(y) = x$

$f^{-1} \neq \frac{1}{f}$

(Example):

$y = f(x) = 2x - 5 \Rightarrow f^{-1}(x) = ?$

(Solution):

$y = 2x - 5$

$x = 2y - 5$

$x + 5 = 2y$

$\frac{x+5}{2} = y$

$f^{-1}(x) = \frac{x+5}{2}$

(Example):

$y = f(x) = \frac{2x-4}{x+4} \Rightarrow f^{-1}(x) = ?$

(Solution):

$y = \frac{2x-4}{x+4}$

$x = \frac{2y-4}{y+4}$

$xy + 4x = 2y - 4$

$xy - 2y = -4x - 4$

$y(x - 2) = -4x - 4$

$y = \frac{-4x-4}{x-2} = \frac{4x+4}{2-x}$

$f^{-1}(x) = \frac{4x+4}{2-x}$

(Example):

$f\left(\frac{x-2}{2x}\right) = 2x + 5 \Rightarrow f^{-1}(3) = ?$

(Solution):

$f\left(\frac{x-2}{2x}\right) = 2x + 5$

$\qquad\qquad\qquad\qquad$ (y=1(x)$\Rightarrow f^{-1}(y) = x$)

$\frac{x-2}{2x} = f^{-1}(2x + 5)$ $\qquad\qquad \begin{pmatrix} 2x + 5 = 3 \\ x = -1 \end{pmatrix}$

$x = -1 \Rightarrow \frac{-1-2}{2(-1)} = f^{-1}(-2 + 5)$

$\frac{-3}{-2} = f^{-1}(3)$

$f^{-1}(3) = \frac{3}{2}$

(Example):

$f(x) = x^2 - 2x \Rightarrow f^{-1}(x) = ?$

(Solution):

$y = x^2 - 2x$

$x = y^2 - 2y$

$x = y^2 - 2y + 1 - 1$

$x = (y-1)^2 - 1$

$x + 1 = (y-1)^2$

$\mp\sqrt{x+1} = y - 1$

$\mp\sqrt{x+1} + 1 = y$

$f^{-1}(x) = \sqrt{x+1} + 1$

(Example):

$f: R \to R \ f(2x - 4) = 8x + 5 \implies f(x) =?$

(Solution):

f(2x-4)=8x+5

$f\left(2 \cdot \left(\frac{x+4}{2}\right) - 4\right) = 8 \cdot \left(\frac{x+4}{2}\right) + 5$

$f(x + 4 - 4) = 4 \cdot (x + 4) + 5$

$f(x) = 4x + 21$

PROPERTIES OF INVERSE FUNCTIONS

a. $f(x) = x + a$ $\Rightarrow$ $f^{-1}(x) = x - a$

b. $f(x) = \frac{ax+b}{c}$ $\Rightarrow$ $f^{-1}(x) = \frac{cx-b}{a}$

c. $f(x) = \frac{a}{bx.c}$ $\Rightarrow$ $f^{-1} = \frac{-cx+a}{bx}$

d. $f(x) = ax + b$ $\Rightarrow$ $f^{-1}(x) = \frac{x-b}{a}$

e. $f(x) = \frac{ax+b}{cx+d}$ $\Rightarrow$ $f^{-1}(x) = \frac{-dx+b}{cx-a}$

f. $f(x) = \frac{ax+b}{cx}$ $\Rightarrow$ $f^{-1}(x) = \frac{b}{cx-a}$

g. $f(x) = a - x$ $\Rightarrow$ $f^{-1}(x) = a - x$

h. $f(x) = \frac{b}{x}$ $\Rightarrow$ $f^{-1}(x) = \frac{b}{x}$

k. $f(x) = a^x$ $\Rightarrow$ $f^{-1}(x) = \log_a x$

l. $f(x) = \log_a x$ $\Rightarrow$ $f^{-1}(x) = a^x$

(Example):

$f(2x + 4) = x \Rightarrow f\left(\frac{2}{x} - 1\right) = ?$

A) $\frac{2}{x} - 2$ B) $\frac{2}{x} + 2$ C) $\frac{4}{x} + 2$ D) $\frac{4}{x} + 4$ E) $\frac{8}{x} + 2$

(Solution):

$f(2x + 4) = x$

$f(x) = 2x + 4$

$$f\left(\frac{2}{x}-1\right) = 2.\left(\frac{2}{x}-1\right)+4$$
$$f\left(\frac{2}{x}-1\right) = \frac{4}{x}-2+4$$
$$f\left(\frac{2}{x}-1\right) = \frac{4}{x}+2$$

COMBINIG FUNCTION

(Example):

$f(x) = 3x - 4, \quad g(x) = 4x + 6$

$(fog)(x) = ? \quad , \quad (gof)(x) = ?$

(Solution):

$(fog)(x) = f(g(x)) = 3.g(x) - 4$

$= 3.(4x + 6) - 4$

$= 12x + 18 - 4$

$= 12x + 14$

$(gof)(x) = g(f(x)) = 4.f(x) + 6$

$= 4.(3x - 4) + 6$

$= 12x - 16 + 6$

$= 12x - 10$

(Example):

$f(x) = x^2 - 2, g(x) = 2x - 4$

$h(x) = 3x - 1 \Rightarrow (fogoh)(x) = ?$

(Solution):

$(fogoh)(x) = f(g(h(x)))$

$= f(g(3x - 1))$

$= f(g.(3x - 1) - 4)$

$= f(6x - 6)$

$= (6x - 6)^2 - 2$

$= 36x^2 - 72x + 36 - 2$

$= 36x^2 - 72x + 34$

PROPERTIES OF COMBINING FUNCTIONS

1. $fog \neq gof$
2. $(fog)oh = fo(goh)$
3. $(fog)^{-1}(x) = (g^{-1}of^{-1})(x)$
4. $(f^{-1}of)(x) = (fof^{-1})(x) = 1(x)$
5. $(fol)(x) = (lof)(x) = f(x)$
6. $(fog)(x) = h(x) \Rightarrow g(x) = f^{-1}(h(x))$
7. $(fog)(x) = h(x) \Rightarrow f(x) = h(g^{-1}(x))$

(Example):

$f(x) = 3x - 1$

$(gof)(x) = 9x + 5$

$\Rightarrow g(x) = ?$

(Solution):

$f(x) = 3x - 1, (gof)(x) = 9x + 5$

$(gof)(x) = 9x + 5 \Rightarrow g(x) = 9.f^{-1}(x) + 5$

$g(x) = 9.\frac{x+1}{3} + 5$

$= 3(x + 1) + 5$

$= 3x + 8$

(Example):

$f(x) = \begin{cases} 2x + 5; x < -1 \\ 2 - x^2; x \geq 1 \end{cases}$

$g(x) = 3 - x \Rightarrow (fog)(5) = ?$

(Solution):

$(fog)(5) = f(g(5))$

$= f(3-5)$

$= f(3-5)$

$= 2.(-2) + 5 \quad (-2 < -1)$

$= -1$

(Example):

$f(x) = \begin{cases} 3 - 4x\,;\, x \leq -2 \\ x^2\,;\, x > -2 \end{cases}$

$g(x) = 2x - 4$

$\Rightarrow (fog)(x) =?$

(Solution):

$(fog)(x) = f(g(x)) = \begin{cases} 3 - 4.g(x)\,;\, g(x) \leq -2 \\ (g(x))^2\,;\, g(x) > -2 \end{cases}$

$= \begin{cases} 3 - 4.(2x-4)\,;\, 2x - 4 \leq -2 \\ (2x-4)^2\,;\, 2x - 4 > -2 \end{cases}$

$= \begin{cases} -8x + 19\,;\, x \leq 1 \\ 4x^2 - 16x + 16\,;\, x > 1 \end{cases}$

(Example):

$(fog)(4) =?$

$(gof)(-1) =?$

(Solution):

$(-1, 0) \Longrightarrow f(-1) = 0$

$(0, 1) \Longrightarrow f(0) = 1$

$(4, 0) \Longrightarrow g(4) = 0,$

$(0, 3) \Longrightarrow g(0) = 3$

$\Longrightarrow (fog)(4) = f(g(4)) = f(0) = 1$

$\Longrightarrow (gof)(-1) = g(f(-1)0 = g(0) = 3$

TEST WITH SOLUTIONS

1. $f(x) = x^2 - 3x + 5 \implies f(1) = ?$

A) -1   B) 0   C) 1   D) 2   E) 3

(Solution):

$f(x) = x^2 - 3x + 5$

$f(1) = 1^2 - 3.1 + 5$

$\quad = 3$

2. $f(x) = 2x + 1 \implies f([-1,4)) = ?$

A) $[-1,9]$ B) $[-1,9\}$ C) $(-1,9]$
D) $(-1,9)$ E) $\{-1,9\}$

(Solution):

$f(x) = 2x + 1$

$x = -1 \implies f(-1) = 2.(-1) + 1$

$\quad\quad\quad\quad\quad\quad = -1$

$x = 4 \implies f(4) = 2.4 + 1$

$\quad\quad\quad\quad\quad = 9$

$[-1,9)$

3. $f: \to R, f(x) = 3-x \implies f^{-1}(x) = ?$

A)3-x B)3+x C)-x-3 D)$\frac{4x+1}{3}$
E)$\frac{4x-1}{3}$

(Solution):

$f(x) = 3 - x \Rightarrow f^{-1}(x) = 3 - x$

4. $f: R \to R, f(x) = \frac{3x+1}{4} \Rightarrow f^{-1}(x) = ?$

A)4x-3 B)$\frac{3x-1}{4}$ C)$\frac{3x+1}{4}$ D)$\frac{4x+1}{3}$
E)$\frac{4x-1}{3}$

(Solution):

$f(x) = \frac{3x+1}{4} \Rightarrow f^{-1}(x) = \frac{4x-1}{3}$

5. $f: A \to B, f(x) = \frac{2x-3}{5x+4} \Rightarrow f^{-1}(x) = ?$

A)$\frac{-4x-3}{5x+2}$ B)$\frac{-4x+3}{5x-2}$ C)$\frac{4x+3}{2-5x}$ D)$\frac{4x+3}{5x+2}$
E)$\frac{4x-3}{2+5x}$

(Solution):

$f(x) = \frac{2x-3}{5x+4} \Rightarrow f^{-1}(x) = \frac{-4x-3}{5x-2}$

$$= \frac{4x+3}{2-5x}$$

6. $f(3x + 5) = 6x - 1 \Rightarrow f(x) =?$

A) 2x-11   B) 2x-12   C) 2x+2   D) 2x+5
E) 2x+10

(Solution):

$f(3x + 5) = 6x - 1$

$f(x) = 6 \cdot \left(\frac{x-5}{3}\right) - 1$

$= 2(x - 5) - 1$

$= 2x - 11$

7. $f\left(\frac{2x-1}{3x+1}\right) = \frac{x-1}{x-2}$

A) $\frac{1}{2}$ B) $-\frac{1}{2}$ C) $\frac{2}{4}$ D) $-\frac{2}{4}$ E) -1

(Solution):

$f\left(\frac{2x-1}{3x+1}\right) = \frac{x-1}{x-2}$

$f(x) = \frac{\left(\frac{x+1}{2-3x}\right)-1}{\left(\frac{x+1}{2-3x}\right)-2} = \frac{\frac{4x-1}{2-3x}}{\frac{7x-3}{2-3x}} = \frac{4x-1}{7x-3}$

$f^{-1}(x) = \frac{3x-1}{7x-4} \Rightarrow f^{-1}(2) = \frac{3*2-1}{7*2-4} = \frac{5}{10} = \frac{1}{12}$

8. $f(2x + 1) = 6x + 4 \Rightarrow f(1) =?$

A) 3   B) 4   C) 5   D) 6   E) 10

(Solution):

$f(2x + 1) = 6x + 4$

$f(x) = 6 * \left(\frac{x-1}{2}\right) + 4$

$= 3x - 3 + 4$

$f(x) = 3x + 1$

$f(1) = 3 * 1 + 1 = 4$

9. $f\left(\frac{x-1}{2}\right) = 2x - 2 \Rightarrow f(x) =?$

A) $4x - 4$ B) $4x + 4$ C) $4x$ D) $2x - 1$
E) $2x - 3$

(Solution):

$f\left(\frac{x-1}{2}\right) = 2x - 2 \Rightarrow f(x) = 2 * (2x + 1) - 2$

$= 4x$

10. $f(x)\left(\frac{x\sqrt{3}-a}{a}\right) * f^{-1}(x) = x + 1 \Rightarrow a =?$

A) -3 B) $\sqrt{-3}$ C) 0   D) $\sqrt{3}$ E) 3

(Solution):

$$f(x) = \frac{x * \sqrt{3} - a}{a} \Rightarrow f^{-1}(x) = \frac{x * a + a}{\sqrt{3}} = x + a$$

$a(x+1) = \sqrt{3} * (x+1)$

$a = \sqrt{3}$

11. $g(x) = 2x - 2, (gof)(x) = 2x - 4 \Rightarrow f(x) =?$

A) $x - 1$ B) $-x - 1$ C) $x + 1$ D) $2x - 1$ E) $2x + 1$

(Solution):

$g(x) = 2x - 2$

$(gof)(x) = g(f(x)) = 2 * f(x) - 2 = 2x - 4$

$2 * f(x) = 2x - 2 = f(x) = x - 1$

12. $f(x) = 2x + 1, \ g(x) = x^2 - a$

$(fog)(x) = 2x^2 - 3 \Rightarrow a =?$

A) -3 B) -1 C) 0 D) 1 E) 2

(Solution):

$f(x) = 2x + 1, \quad g(x) = x^2 - a$

$(fog)(x) = f(g(x)) = 2(x^2 - a) + 1 = 2x^2 - 3$

$2x^2 - 2a + 1 = 2x^2 - 3$

$-2a + 1 = -3$

$2a = 4 = a = 2$

13. $f(x) = mx^2 + nx + r, \ g(x) = 4x + 3$

$(gof)(x) = 4x^2 + 16x + 11 \Rightarrow m * n * r = ?$

A) 2 B) 4 C) 6 D) 7 E) 8

(Solution):

$f(x) = mx^2 + nx + r$

$(gof)(x) = g(f(x)) = 4(mx^2 + nx + r) + 3 = 2x^2 - 3$

$= 4x^2 + 16x + 11$

$4mx^2 + 4nx + 4r + 3 = 4x^2 + 16x + 11$

$4m = 4 \Rightarrow m = 1$

$4n = 16 \Rightarrow n = 4$

$4r + 3 = 11 \Rightarrow r = 2$

$m * n * r = 1 * 4 * 2$

$= 8$

14. $f: R \to R \ g: R \to R$

$f(x) = Bx + 6 \ g(x) = 4x - 2$

$\Rightarrow (f^{-1}og)^{-1}(1) = ?$

A) 2 B) 3 C) 4 D) 5 E) 6

(Solution):

$f(x) = 8x + 6 \Rightarrow f^{-1}(x) = \dfrac{x-6}{8}$

$g(x) = 4x - 2$

$(f^{-1} \circ g)(x) = \dfrac{(4x-2)-6}{8} = \dfrac{4x-6}{8}$

$= \dfrac{x-2}{2}$

$(f^{-1} \circ g)(x) = \dfrac{(4x-2)-6}{8} = \dfrac{4x-8}{8}$

$= \dfrac{x-2}{2}$

$(f^{-1} \circ f)^{-1}(x) = 2x + 2$

$(f^{-1} \circ g)^{-1}(1) = 2 * 1 + 2$

$= 4$

15. $f(x) = 2x - 1$

$(g \circ f)(x) = 2x - 3$

$\Rightarrow g(3) = ?$

A) 0 B) 1 C) 2 D) 3 E) 4

(Solution):

$(g \circ f)(x) = 2x - 3$

$g(f(x)) = 2x - 3$

$g(2x - 1) = 2x - 3$

$x = 2 \Rightarrow g(2 * 2 - 1) = 2 * 2 - 3$

$g(3) = 1$

16. $f: R \to R$

$f(x) = 2x - 5$

$(gof)(x) 4x + 1 \Rightarrow g(x) = ?$

A) $3x - 8$ B) $3x + 11$ C) $2x - 11$
D) $2x + 8$ E) $2x + 11$

(Solution):

$f(x) = 2x - 5$

$(gof)(x) = g[f(x)]$

$\Rightarrow g(2x - 5) = 4x + 1$

$g(x) = 4\left(\dfrac{x + 5}{2}\right) + 1$

$= 2x + 11$

17. $f(x) = x$

$g(x) = 2x$

$h(x) = 3x$

$(fogoh)(x) = k * h(x) \Rightarrow k = ?$

A) 1 B) 2 C) 3 D) 5 E) 6

(Solution):

$(fogoh)(x) = fo(goh)(x)$

$= xo(6x)$

$= 6x$

$\Rightarrow (fogoh)(x) = k * h(x)$

$6x = k\, 3x$

$k = 2$

18. $f: IR \to IR^+$

$f(x) = 3^x \Rightarrow f^{-1}(81) = ?$

A) 2 B) 3 C) 4 D) 5 E) 6

(Solution):

$f(a) = b \Rightarrow f^{-1}(b) = a$

Then

$f(4) = 3^4 = 81 \Rightarrow f^{-1(81)} = 4$

19. $f: IR - \left\{\frac{1}{5}\right\} \to IR$

$f(x) = \dfrac{5 - x}{1 - 5x}$

$(fof)(x) = ?$

A) $\frac{x}{4}$ B) $\frac{3x}{4}$ C) $x - 2$ D) $x - 1$ E) x

(Solution):

$(fof)(x) = 5 - \dfrac{\left(\dfrac{5-x}{1-5x}\right)}{1 - 5 * \left(\dfrac{5-x}{1-5x}\right)}$

$= x$ Ans: **E**

20. $f: IR \to IR$

$f(x) = \begin{cases} x + 1, x < -2 \\ x^2 + 4x, -2 < x < 3 \\ 2x + 3, 3 \leq x \end{cases}$

A) 24   B) 22   C) 20   D) 18   E) 16

(Solution):

$f(-4) = -4 + 1 = -3$

$f(2) = 2^2 + 4 * 2 = 12$

$f(5) = 2 * 5 + 3 = 13$
$\Rightarrow f(-4) + f(2) + f(5) = -3 + 12 + 13$
$= 22$

21. $f(x) = e^x + 2$

$f(2x + 2) = ?$

A) $[f(x)]^2$ B) $[f(x)]^2 + 2$ C) $\dfrac{[f(x)]^2}{2}$
D) $2 * f(x)$ E) $f(x) + 2$

(Solution):

$f(x) = e^{x+2} \Rightarrow f(2x + 2) = e^{2x+2+2}$

$\Rightarrow f(2x + 2 = e^{2(x+2)}$

$\Rightarrow f(2x + 2) = [e^x + 2]^2$

$\Rightarrow f(2x + 2) = [f(x)]^2$ Ans: **A**

22. $\left.\begin{array}{l} f(x) = ax \\ g(x) = x + b \\ (fog)(x) = x + 2 \end{array}\right\} \Rightarrow b - a = ?$

A) 2   B) 1   C) 0   D) −1   E) −2

(Solution):

$fog(x) = x + 2$

$a * (x + b) = x + 2$

$ax + ab = x = 2$

$ax = x \; ve(and) \; ab = 2$

$a = 1 \Rightarrow b = 2$

$b - a = 2 - 1 = 1$

1. $f: R \to R$, $f(x) \frac{3x+4}{2} \Rightarrow f\left(\frac{2}{3}\right) =?$

A) -3 \qquad B) -1 \qquad C) 0 \qquad D) 2 \qquad E) 3

2. $f: R \to R$, $f(x+1) = 3x - 7 \Rightarrow f(x) =?$

A) $3x + 10$ \qquad B) $3x + 2$ \qquad C) $3x - 2$
D) $3x - 4$ \qquad E) $3x - 10$

3. $f: R\{0\} \to R\{3\}$,

$f(x) = \dfrac{3x - 5}{x} \Rightarrow f^{-1}(x) =?$

A) $\dfrac{3x+5}{x}$ B) $\dfrac{5}{x+3}$ C) $\dfrac{5}{x-3}$ D) $\dfrac{-5}{x-3}$

E) $\dfrac{-5}{x+3}$

4. $f: R \to R, f(x) = 2x + 3 \Rightarrow (fof)(x) = ?$

A) $4x + 9$ B) $4x + 6$ C) $4x + 3$ D) $4x + 1$ E) $4x$

5. $f: g: R \to R, (fog)(x) = 12x - 1, f(x) = 4x + 3$

$\Rightarrow g(x) = ?$

A) $3x + 1$ B) $3x - 1$ C) $3x - 2$ D) $3x - 3$ E) $3x + 4$

6. $f: g: R \to R, \Rightarrow f(x) = 2x + 1$

$\Rightarrow (fog)(x) = 3 * f(x)\ g(3) = ?$

A) 6   B) 7   C) 8   D) 9   E) 10

7. $f: g: R \to R, \Rightarrow f(x - 1) = x + 4,\ g(x) = 3x + 4$

$\Rightarrow (f^{-1}og)(3) = ?$

$\Rightarrow g(x) = ?$

A) 8   B) 9   C) 12   D) 16   E) 18

8. $f(3^{x)} = 5 * x \Rightarrow f(27) = ?$

A) 12   B) 15   C) 18   D) 21   E) 24

9. $f: R \to R, f^{-1}(x) = \frac{5x+4}{7} \Rightarrow f\left(\frac{19}{7}\right) = ?$

A) 4 B) 3 C) 2 D) 1 E) 0

10. $f: A \to B, f(x) = \sqrt[3]{x+1} \Rightarrow f^{-1}(3) = ?$

A) 2 B) 1 C) 18 D) 26 E) 32

11. $f, g, R \to R$

$f(x) = 2x + 1, g(x) = \frac{x}{3} + 2, (foh)^{-1}(x) = g(x)$

$\Rightarrow h(3) = ?$

A) 6 B) 4 C) 3 D) 2 E) 1

12. $f = 3x + 1, g(x) = x^2 + x - 1$

$\Rightarrow (fog)(2) = ?$

A) 55 B) 38 C) 16 D) 15 E) 14

13. $f(x) = x - 2 \to, g(x) = x^2 - 4$

$\Rightarrow (fog^{-1})^{-1}(x) = ?$

A) x^2 B) $x^2 + 4$ C) $x^2 - 4x$ D) $x^2 + 4x$
E) $(x+2)^2$

14. $f(x): R \to R$

$f(x) = \dfrac{2x * f(x-1)}{x+1}$, $\quad f(1) = 1$

$\Rightarrow f(7) = ?$

A) $\dfrac{33}{4}$ B) 32   C) 16   D) 40   E) $\dfrac{48}{7}$

15. $x * f(x+1) = 2x^2 + x + a - 1$, $f(2) = -3$

$\Rightarrow f(3) = ?$

A) 2   B) 3   C) 5   D) 6   E) 9

16. $f(x): R \to R$, $g: R \to R$

$(fog)^{-1}(x) = \dfrac{3x+1}{2}$, $\quad g(x) = 2x + 1$

$\Rightarrow f^{-1}(x) = ?$

A) $\dfrac{x+2}{3}$ B) $\dfrac{x-2}{3}$ C) $\dfrac{2x+1}{2}$ D) $\dfrac{2x-1}{3}$ E) $\dfrac{3x+2}{2}$

17. $f(x) = x^2 + x + 1 \Rightarrow f(x-1) = ?$

A) $x^2 - x - 1$ B) $x^2 - 1$ C) $x^2 + x - 1$ D) $x^2 - x + 1$ E) $x^2 - 3x - 1$

18. $f(x) = 1 - |3x| + x^2$

$\Rightarrow f(-1) + f(1) = ?$

A) −2   B) −1   C) 0   D) 1   E) 2

19. $f(2x+3) = x^3 - 3x - 2$

$\Rightarrow f(-1) = ?$

A) −4   B) −2   C) 0   D) 4   E) 8

20. $f(2x-1) = 6x - 2 \quad g^{-2}(x) = x - 2$

$\Rightarrow (fog)(x) = ?$

A) $3x+1$ B) $3x+5$ C) $3x+7$ D) $6x-1$
E) $6x+2$

21. $f(2x-3) = \frac{1}{x} + 1 \Rightarrow f(x) = ?$

A) $\frac{x+5}{x+3}$ B) $\frac{x-5}{x+3}$ C) $\frac{x+5}{x-3}$ D) $\frac{x-5}{x-3}$ E) $\frac{x+5}{x}$

22. $f(x+m) = 2x + 3m, \; f^{-1}(2) = 0 \Rightarrow m = ?$

A) 1   B) 2   C) 3   D) 4   E) 5

23. $f: R \to R, f(3x+4) = 2x^1 - |1 - x^2| + 3$

$\Rightarrow f(-8) = ?$

A) 20   B) 50   C) 63   D) 68   E) 194

24. $f(x) = x + 2$, $(fog)(x) = \dfrac{x+1}{x-2}$

$\Rightarrow g(x) = ?$

A) $\dfrac{x-1}{x-2}$ B) $\dfrac{-x+1}{x-2}$ C) $\dfrac{-x+3}{x-2}$ D) $\dfrac{-x+5}{x-2}$ E) $\dfrac{x+5}{x-2}$

25. $f: R \to R$,

$f\left(\dfrac{2+1}{2}\right) = x + 2$

$\Rightarrow f^{-1}(9) = ?$

A) 4   B) 5   C) 9   D) 11   E) 19

1. $f(x) = 3x - 2$, $g(x)x^2$

$\Rightarrow (fog)(2) = ?$

A) 9   B) 10   C) 12   D) 13   E) 14

2. $f(x) = \frac{4x-14}{3x+1} \Rightarrow f^{-1}(2) = ?$

A) −8 B) −6 C) 0 D) 6 E) 8

3. $f(x) = 6x - 1$, $g(x) = 2x + 3$

$(fog)(x) = 41 \Rightarrow x = ?$

A) 1 B) 2 C) 3 D) 4 E) 5

4. $f(x) = -2x + 1$, $g^{-1}(x) = \frac{x+3}{x-2} \Rightarrow (gof^{-1})(4) = ?$

A) −2 B) −1 C) 0 D) 1 E) 2

5. $f(x) = 4x + 8$, $(gof)(x) = x^2 + 1$

$\Rightarrow g(15) = ?$

A) −10 B) −9 C) −8 D) 8 E) 10

6. $f(x) = 2x + 3$, $g(x) = \frac{1}{6x-2}$

$\Rightarrow (fog)^{-1}(1) = ?$

A) $\frac{1}{6}$ B) $\frac{1}{3}$ C) $\frac{1}{2}$ D) $\frac{2}{3}$ E) $\frac{5}{6}$

7. $f(0) = 1$, $f(1) = 4$;

$f(n+2) = f(n) - 2 * f(n+1) \Rightarrow f(3) = ?$

A) −36 B) −24 C) −18 D) 18 E) 24

8. $f(x) = 5x + 1 \Rightarrow (fof)(x) =?$

A) $25x^2 + 6$ B) $25x + 3$ C) $25x + 25$ D) $25x^2 + 3$ E) $25x + 6$

9. $f: A \rightarrow B$

$f: x \rightarrow 2x - 2$

$B = \{8,10,16,22,30\} \Rightarrow A =?$

A) $25x^2 + 6$ B) $25x + 3$ C) $25x + 25$ D) $25x^2 + 3$ E) $25x + 6$

10. $f(x) = 2x - 3 \Rightarrow (gof)(x) = 6x + 5 \Rightarrow g(x) =?$

A) $3x - 4$ B) $2x + 3$ C) $3x + 14$ D) $3x - 14$ E) $3x + 4$

11. $f(x) = 3x - 4,\ (gof^{-1})(x) = x + 2 \Rightarrow g(5) =?$

A) -13 B) -12 C) 12 D) 13 E) 14

12. $f(x) = \begin{cases} |x|, & -2 \leq x < 2 \\ 3x, & 2 \leq x < 4 \\ x^2 - 1, & 4 \leq x \end{cases}$

$\Rightarrow \dfrac{f(-2) + f(4) + 1}{f(2)} =?$

A) 0   B) 1   C) 2   D) 3   E) 4

13. $f(x) = f(x-1) + x, \quad f(0) = 7 \Rightarrow f(20) = ?$

A) 212   B) 215   C) 216   D) 217   E) 220

14. $f(x) = \frac{3x+b}{x+4}, \quad f^{-1}(5) = 6 \Rightarrow b = ?$

A) 12   B) 18   C) 24   D) 26   E) 32

15. $f(x) = x - 2, \quad (fog)(x) = x^2 + x + 1 \Rightarrow g(x) = ?$

A) $x^2 - 3x + 7$ B) $2x^2 + 2x - 7$ C) $x^2 + x + 3$ D) $x^2 + x - 1$ E) $x^2 - 2x + 1$

16. $x^2 y + yx - y - 3 = 0, \Rightarrow y = f(x) = ?$

A) $\frac{3}{x^2+x-1}$ B) $\frac{-3}{x^2+x-1}$ C) $x^2 + x + 1$ D) $-x^2 + x - 1$ E) 1

17. $\frac{1}{x} + \frac{1}{y} = 1 \Rightarrow y = f(x) = ?$

A) $\frac{x}{x-1}$ B) $\frac{-x}{x+1}$ C) $\frac{x+1}{x-1}$ D) $\frac{x-1}{x}$ E) $\frac{x-1}{x+1}$

18. $f(x) = 2x - 1, \quad (gof)(x) = -3 * f(x) = 4 \Rightarrow y = g(x) = ?$

A) $-6x+3$ B) $-2x+1$ C) $-3x$ D) $-2x$ E) x

19. $f(x) = 2x^2 - x + a$, $f(0) + f(1) = 13$ $\Rightarrow$ $a = ?$
A) 3   B) 4   C) 5   D) 6   E) 7

20. $f(2x+1) = 2x - 1$, $\Rightarrow$ $f(-2) = ?$
A) -5 B) -4 C) -3 D) -2 E) -1

21. $f(2x-1) = x^2 - \frac{1}{4}$ $\Rightarrow$ $f(x) = ?$
A) $\frac{x^2}{4}$ B) $\frac{x^2-4}{4}$ C) $\frac{x^2+2x}{4}$ D) $\frac{x^2-2x+1}{4}$ E) $\frac{x^2+2x+1}{4}$

22. $f(x) = ax + b$
$f(1) = 2$, $f(2) = 1$ $\Rightarrow$ $f(4) = ?$
A) -2 B) -1 C) 0   D) 1   E) 2

23. $f(x) = 3x * f(x-1)$, $f(4) = 24$ $\Rightarrow$ $f(1) = ?$
A) 9   B) 7   C) 1   D) $\frac{1}{9}$ E) $\frac{1}{27}$

24. $f(x) = \frac{x+3}{x-1} + 2$ $\Rightarrow$ $f^{-1}(2) = ?$
A) -3 B) -2 C) 1   D) 2   E) 3

25. $f(x) = 3x + 3$, $f(f(a)) = 5a \Rightarrow a = ?$

A) 3   B) 1   C) 0   D) -1 E) -3

26. $f(2x + 1) = 4x + 1 \Rightarrow f^{-1}(x) = ?$

A) $2x - 1$ B) $2x + 2$ C) $\frac{x+1}{2}$ D) $\frac{x-1}{2}$ E) $\frac{x}{2}$

1. $f\left(\dfrac{x+3}{2x}\right) = \dfrac{2x-1}{1-x}$ ⇒ $f(x) = ?$

A) $\dfrac{-2x-5}{2x+2}$ B) x C) $-x$ D) $\dfrac{x-1}{x}$ E) $\dfrac{-2x+7}{2x-4}$

2. $f(2x-3) = 3x+5$ ⇒ $f^{-1}(x) = ?$

A) $\dfrac{2x-19}{3}$ B) $\dfrac{2x+19}{3}$ C) $\dfrac{3x+19}{2}$ D) $\dfrac{x+19}{3}$ E) $\dfrac{3x-7}{4}$

3. $f(x) = \dfrac{x-2}{3}$, $(fog)(x) = x-1$ ⇒ $g(x) = ?$

A) $\dfrac{3x-3}{2}$ B) $3x-4$ C) $3x-3$ D) $3x-1$ E) $\dfrac{3x-19}{2}$

4. $f\left(\dfrac{2x-1}{x+3}\right) = 2x+1$ ⇒ $f(4) = ?$

A) 16   B) 20   C) -12 D) -11 E) 0

5. $f(x+3) = 5x+7$, $g(x) = x^2 - 3$ ⇒ $(fog)(2) = ?$

A) -4 B) -3 C) -17 D) -12 E) -10

6. $\left.\begin{array}{l} f(x) = x+2 \\ f^{-1}(A) = \{1,2,3,\} \end{array}\right\}$ ⇒ $A = ?$

A) {0,1,2, }   B) {−1,0, −1, }   C) {3,4,5}   D) {−3, −4, −5}   E) {−1, −2, −3}

7. $f(x) = 3x^2 + 4$, $g(x) = 3x − 2$
$[f^{-1}og]^{-1}(x) = x^2 + a \Rightarrow a = ?$
A) 2   B) 3   C) 4   D) 5   E) 6

8. $f(1) = 5$, $f(x + 1) = f(x) + 4 \Rightarrow f(5) = ?$
A) 15   B) 16   C) 18   D) 21   E) 24

9. $f(3x + 1) = 5x − 3 \Rightarrow f^{-1}(2) = ?$
A) 1   B) 2   C) 3   D) 4   E) 5

10. $f(x) = ax + b$, $g(x) = 3x − 2$, $(fog)(x) = 6x + 1$
$\Rightarrow a * b = ?$
A) 2   B) 5   C) 10   D) 15   E) 20

11. $f(3x + 1) = 9x^2 − 4 \Rightarrow f(2x) = ?$
A) $36x^2 − 4$ B) $5x^2 − 4x + 1$ C) $4x^2 − 3$ D) $4x^2 − 4x − 3$ E) $x^2 − 2x − 3$

12. $f(2x + 3) = 5x + 2$, $g(x) = x − 3$

$\Rightarrow (f^{-1}og)(x) = ?$

A) $\dfrac{2x+5}{5}$ B) $\dfrac{2x-5}{5}$ C) $\dfrac{2x-3}{4}$ D) $\dfrac{2x-3}{3}$ E) $2x$

13. $f(x) = \dfrac{x+a}{2x+1}$, $(fof)(x) = \dfrac{3x+2}{4x+3}$ $\Rightarrow$ $a = ?$

A) -1 B) 0 C) 1 D) 2 E) 3

14. $(fog^{-1})(x) = \dfrac{2x+1}{3}$, $f(x = 4x - 3$ $\Rightarrow$ $g(1) = ?$

A) -1 B) 0 C) 1 D) 2 E) 3

15. $(gof^{-1})(x) = 3x$, $f(x) = 2x + 4$ $\Rightarrow$ $g(6) = ?$

A) 5 B) 6 C) 7 D) 8 E) 48

16. $f(x) = \dfrac{8x+3}{bx-2}$, $g^{-1}(x) = x - 2$

$(f^{-1}og)(x) = \dfrac{2x+7}{3x-7}$ $\Rightarrow$ $a * b = ?$

A) 12 B) 27 C) 39 D) 42 E) 45

17. $f(x) = 3x + 1$, $g(x) = \dfrac{3x}{2}$, $h(x) = \dfrac{x-1}{4}$

$\Rightarrow (gofoh)(2) = ?$

A) $\dfrac{11}{8}$ B) $\dfrac{21}{8}$ C) $\dfrac{11}{3}$ D) $\dfrac{21}{3}$ E) 7

18. $f(a,b) = (2a + 1, 4b - 3)$ $\Rightarrow$ $f(2,3) = ?$

A) $(3,9)$ B) $(5,9)$ C) $(7,9)$ D) $(3,7)$ E) $(4,9)$

19. $f(2x - 1) = 4x + 3 \Rightarrow f^{-1}(x) = ?$

A) $\frac{x+5}{2}$ B) $\frac{2x-5}{2}$ C) $\frac{x-5}{2}$ D) $\frac{x+5}{3}$ E) $\frac{2x+5}{3}$

20. $f\left(\frac{2x-1}{x+3}\right) = 4x + 7 \Rightarrow f(1) = ?$

A) 15   B) 16   C) 17   D) 18   E) 23

21. $f(2x + 5) = \frac{x+1}{x+3} \Rightarrow f(x - 2) = ?$

A) $\frac{x-1}{x+5}$ B) $\frac{x-5}{x-1}$ C) $\frac{x-5}{x+1}$ D) $\frac{x+1}{x-5}$ E) $\frac{x+1}{x+5}$

22. $f(x - 1) = (x + 1) * f(x,)$

$f(3) = 1 \Rightarrow f(0) = ?$

A) 16   B) 20   C) 24   D) 36   E) 48

23. $f(x) = 2x + 3$

$(gof)^{-1}(x) = 3x - 1 \Rightarrow g(7) = ?$

A) −1   B) 0   C) 1   D) 2   E) 4

24. $f(x) = ax + b, f^{-1}(a + b) = ?$

A) $a - b$ B) $\frac{a}{b}$ C) $a + b$ D) $a * b$ E) 1

25. $f(x) = (2x - y)$,

$f(x-1) = f(x) + 2y \Rightarrow y = ?$

A) 2   B) 1   C) 0   D) −1   E) −2

1. $f\left(\dfrac{x+1}{x-2}\right) = 4x - 1 \Rightarrow f(x) = ?$

A) $\dfrac{7x+5}{x-1}$ B) $\dfrac{8x-5}{x-2}$ C) $\dfrac{5x+3}{x-1}$ D) $\dfrac{x-1}{7x+5}$ E) $\dfrac{1}{x}$

2. $f(x) = \dfrac{2x-7}{3x-6} \Rightarrow f^{-1}(x) = ?$

A) $\dfrac{-2x+7}{3x+8}$ B) $\dfrac{3x-6}{2x-7}$ C) $\dfrac{6x-7}{3x-2}$ D) $\dfrac{x-7}{3x-2}$ E) $\dfrac{3x-7}{2x-6}$

3. $f(x) = \dfrac{3x-7}{x-2a}$

$f(x) = f^{-1}(x) \Rightarrow a = ?$

A) $\dfrac{1}{2}$ B) $\dfrac{1}{3}$ C) 1   D) $\dfrac{3}{2}$ E) $\dfrac{5}{2}$

4. $f(x) = \dfrac{12\,^2 - 6x + b}{ax^2 + 18x - 9}$

if $f(x)$ is constant function, what is $f(7)$?

A) 2   B) $\dfrac{1}{3}$ C) $\dfrac{2}{3}$ D) $-\dfrac{2}{3}$ E) $-\dfrac{1}{3}$

5. $f(x) = x - 3$, $(gof)(x) = \dfrac{x+2}{x-2} \Rightarrow g(x) = ?$

A) $\frac{x+3}{x}$ B) $\frac{x+5}{x+1}$ C) $\frac{x+1}{x+5}$ D) $\frac{x-1}{x-3}$ E) $\frac{x+2}{x+5}$

6. $f(5x-1) = \frac{4x+41}{x^2+4} \Rightarrow f(4) = ?$

A) 5   B) 6   C) 7   D) 8   E) 9

7. $f(x) = \frac{x}{x+1} \Rightarrow f(x-1) = ?$

A) $\frac{f(x)+1}{2f(x)}$ B) $\frac{f(x)+2}{2f(x)}$ C) $\frac{2f(x)+1}{2f(x)}$ D) $\frac{2f(x)+1}{f(x)}$ E) $\frac{2f(x)-1}{f(x)}$

8. $f(x) = 4x^2 + 8x + 4 \Rightarrow f(\frac{x-2}{2}) = ?$

A) x^2 B) $x^2 + 4$ C) $x^2 + 4x + 8$ D) $x^2 - 6x + 4$
E) $x^2 - 8$

9. $\frac{f^{-1}(7)+f^{-1}(9)}{f(5)+f(-2)} = ?$

A) $-\frac{3}{2}$ B) $-\frac{1}{4}$ C) $\frac{2}{3}$ D) $\frac{2}{3}$ E) $\frac{3}{4}$

10. $f(n) = 2 * f(n+1) - f(n+2)$

$f(1) = 1$

$f(2) = 5$

$\Rightarrow f(60) = ?$

A) 237   B) 227   C) 218   D) 198   E) 197

11. $(f \circ g^{-1})(4) - f^{-1}\left(\frac{8}{3}\right) = ?$

A) $\frac{17}{20}$ B) $\frac{15}{12}$ C) $\frac{11}{14}$ D) $\frac{6}{7}$ E) $\frac{5}{6}$

12. $f(x) = \frac{x-2}{x+2}$

$g(x) = \frac{2x+1}{x-1}$

$(f^{-1} \circ g)(4) = 9$

$\Rightarrow a = ?$

A) $\frac{16}{3}$ B) $\frac{9}{2}$ C) 1   D) $-\frac{16}{3}$ E) $-\frac{20}{3}$

13. $f(x) = \frac{2x+a}{x+3}$

$f^{-1}(3) = 12$

$\Rightarrow a = ?$

A) -21 B) -14 C) 9   D) 18   E) 21

14. $f(2x - 1) = 6x - 9 \Rightarrow f(x) = ?$

A) $2x - 3$ B) $3x - 6$ C) $3x + 6$ D) $6x - 3$ E) $6x + 9$

15. $f(-x) + f(x + a) = x^2 + 7x + 15 \Rightarrow \Sigma a = ?$

A) 5   B) 6   C) 7   D) 8   E) 9

16. $f(x) = \frac{(a-2)x-5}{2x(b-1)} \Rightarrow f^{-1}(x) = ?$

A) $\frac{3x-7}{2x-6}$ B) $\frac{6x-5}{2x-8}$ C) $\frac{4x-5}{2x-3}$ D) $\frac{8x-5}{2x-3}$ E) $\frac{6x-5}{2x-10}$

17. $f(x) = 9x^2 + 8x$

$fog(x) = 4x^2 + 12x + 9$

$\Rightarrow g(x) = ?$

A) $3x^2 - 1$ B) $3x^2 + 1$ C) $\frac{3}{2}x^2 + \frac{1}{2}$ D) $\frac{1}{2}(3x-1)$

E) $\frac{1}{6}(4x+5)$

18. $f(2x-1) = \frac{x^2-1}{3} \Rightarrow f(x) = ?$

A) $\frac{x^2+x-2}{4}$ B) $\frac{x^2+2x-3}{6}$ C) $\frac{x^2+2x-3}{12}$ D) $\frac{x^2-x+3}{6}$ E) $\frac{x^2-2x+1}{4}$

1. $f\left(\frac{4x+1}{x}\right) = x^2 + 2x + 3 \Rightarrow f(3) = ?$

A) 2   B) 3   C) 4   D) 5   E) 6

2. $f\left(\frac{x-4}{2}\right) = 4x - 6 \Rightarrow f^{-1}(8x+3) = ?$

A) $\frac{7x-8}{7}$ B) $\frac{8x-7}{8}$ C) $\frac{8x-8}{7}$ D) $\frac{7x-7}{8}$ E) $7x - \frac{1}{8}$

3. $f(x^2 + x) = 5x^2 + 5x - 11 \Rightarrow f^{-1}(4) =?$

A) -3 B) -2 C) 2 D) 3 E) 4

4. $R \to R$

$2 * f(x - 2) + 3 * f(2 + x) = x + 5 \Rightarrow f(1) =?$

A) -3 B) $-\frac{7}{8}$ C) -1 D) $\frac{2}{5}$ E) $\frac{28}{25}$

5. $f(x) = 3x - 2 \; ve \; (and) g(x) = \frac{x-2}{3} \Rightarrow (gof^{-1})(x) =?$

A) $x + \frac{4}{3}$ B) $x - \frac{4}{3}$ C) $x + \frac{5}{3}$ D) $x - \frac{5}{3}$ E) $x - 1$

6. $f\left(\frac{2x-2}{x-1}\right) = \frac{x-2}{x+3} \Rightarrow f^{-1}(2) =?$

A) -15 B) -14 C) -13 D) -12 E) -11

7. $f(x) = \begin{cases} -2x + 1, x > 0 \\ x^2 - 1, \; x \leq 0 \end{cases}$

$\Rightarrow (fofof)(-2) =?$

A) 22 B) 23 C) 24 D) 25 E) 26

8. $f(2x - 1) = 4x + 2$

$g(2x - 1) = 3x + 2$

$\Rightarrow (g^{-1}of)(5) = ?$

A) -5 B) -4 C) -3 D) -2 E) 1

9. $f(x) = \dfrac{5x-2}{a}$ ve (and) $f^{-1}(x) = \dfrac{x+b}{5} \Rightarrow a*b = ?$

A) -3 B) -2 C) -1 D) 1   E) 2

10. $f(x) = 2*f\left(\dfrac{1}{x}\right) + 3x - 1 \Rightarrow f(3) = ?$

A) $-\dfrac{14}{3}$ B) -4 C) $-\dfrac{10}{3}$ D) $-\dfrac{8}{3}$ E) -2

11. $f(4x) + f(2x+2) = x + 5 \Rightarrow f(2) + f(3) + f(4) = ?$

A) 8   B) $\dfrac{17}{2}$ C) 9   D) $\dfrac{19}{2}$ E) 10

12. $f(x) = x^4 - 8x^3 + 24x^2 - 32x + 20 \Rightarrow f(X+2) = ?$

A) $x^4 + 4$ B) $x^4 + 20$ C) $x^4 - 4$ D) $x^2 + 4$ E) $x^2 - 4$

13. $x = \dfrac{2f(x)+1}{1-f(x)} \Rightarrow f^{-1}(x) = ?$

A) $\dfrac{2x}{1+x}$ B) $\dfrac{2x-1}{1-x}$ C) $\dfrac{2x+1}{1-x}$ D) $\dfrac{2x}{1-x}$ E) $\dfrac{1-2x}{x+1}$

14. $f(x) = \dfrac{2x}{x-1} \Rightarrow f(x+1) = ?$

A) $\frac{f(x)}{4}$ B) $\frac{f(x)-4}{4f(x)}$ C) $\frac{f(x)+4}{f(x)}$ D) $\frac{4f(x)-4}{f(x)}$ E) $\frac{f(x)-4}{f(x)}$

15. $f(x) = 6 * f(x-2)$

$f(7) = 12$

$\Rightarrow f(3) =?$

A) $\frac{1}{15}$ B) $\frac{1}{12}$ C) $\frac{1}{9}$ D) $\frac{1}{6}$ E) $\frac{1}{3}$

16 $f(4) = -15$

$f(x-1) = f(x) + 5$

$\Rightarrow f(30) =?$

A) -145 B) -115 C) -75 D) -60 E) -45

17. $f(x) = x^2 - x + 1$

$\Rightarrow f(1-x) - f(x) =?$

A) 0   B) 1   C) $1-x$ D) $x^2 - 1$ E) $x^2 + 1$

18. $\frac{f^{-1}(0) + f(-2)}{(f \circ f)(0)} =?$

A) -2 B) -1 C) $-\frac{1}{2}$ D) $\frac{1}{2}$ E) 2

19. $f(x) = |x-2| - |x|$

$\Rightarrow f(-1) + f(0) + f(1) =?$

A) 0   B) 1   C) 2   D) 3   E) 4

20. $f(x) = 4x - 1$

$(fog^{-1})(x) = 4x + 7$

$\Rightarrow g(x) = ?$

A) $x + 2$ B) $x - 2$ C) $2x - 1$ D) $\frac{1}{2}x + 1$ E) $\frac{1}{2}x - 1$

21. $f(x) = x^2 - 4x$, $(fog)(x) = x^2 + 2x - 3$

Which one can be equal to $g(x)$?

A) $x - 4$ B) $x + 3$ C) $x + 4$ D) $x^2 - 4$ E) $x^2 + 4$

1. $f(2x + 1) = 4x - 3$, $2 * f(x) - f(x + 1) = 5 \Rightarrow x = ?$

A) $\frac{3}{5}$ B) 1   C) 3   D) 5   E) 6

2. $f^{-1}\left(\frac{4x+m}{x+1}\right) = 3x - 4$, $f(5) = 2 \Rightarrow m = ?$

A) -4 B) -3 C) 5   D) 6   E) 7

3. $f\left(\frac{ax-3}{2}\right) = x + 5$, $f^{-1}(16) = 4 \Rightarrow a = ?$

A) 1   B) 2   C) 3   D) 4   E) 5

4. $f\left(\frac{x}{2}+3\right) = 4x - 7 \Rightarrow (fof)(4) = ?$

A) 6   B) 2   C) −10   D) −18   E) −23

5. $f(x) = 2x - 1, \ (fog)(x) = 2 - 4x + 3 \Rightarrow g(x) = ?$

A) $x^2 - 2x + 1$ B) $x^2 + 2x$ C) $x^2 + 2x - 1$

D) $2x^2 - x$ E) $x^2 - 2x + 2$

6. $(fog)(x) = \frac{x}{3x-4}, \ f(x) = \frac{x+1}{x-1} \Rightarrow g(1) = ?$

A) 0   B) 1   C) 2   D) 3   E) 4

7. $f(x) = 2x^2 + 3, \ g(x) = 3x + 4, \ gof(-1) = f(2x) \Rightarrow x = ?$

A) $\{-\sqrt{2}, \sqrt{2}\}$ B) $\{-1\}$ C) $\{\frac{5}{3}\}$ D) $\{-1,1\}$ E) $\{2\}$

8. $(fof)(2) + f^{-1}(3) = ?$

A) 10   B) 9   C) 8   D) 5   E) 0

9. $f(x) = \frac{1}{x+2}, \ g(x) = x^2 \Rightarrow (gof^{-1})(2) = ?$

A) $\frac{2}{3}$ B) $\frac{5}{4}$ C) $\frac{9}{4}$ D) $\frac{7}{2}$ E) $\frac{10}{3}$

10. $f(x-1) = \frac{1}{3}x^2 + x - m$, $f(2) = 4 \Rightarrow f(1-m) = ?$

A) −4   B) −3   C) −2   D) 2   E) 5

11. $f(x) = \frac{2x+1}{x-1}$, $g(x) = \frac{x+a}{2a-x}$, $(g^{-1} \circ f)(2) = 3 \Rightarrow a = ?$

A) 5   B) 4   C) 3   D) 2   E) 1

12. $f(x) = 2x - 1$, $(g \circ f)(x) - 3, f(x) \Rightarrow g(x) = ?$

A) −3x   B) −2x + 1   C) −2x   D) x   E) −6x + 3

13. $g(x) = \begin{cases} x - 3, & f(x) < 0 \\ -x + 6, & f(x) > 0 \end{cases} \Rightarrow g \circ g(5) = ?$

A) 2   B) 3   C) 4   D) 5   E) 6

14. $f(x) = \frac{x^2 - 1}{x - 1}$, $g(x) = x + 1 \Rightarrow (f \circ g^{-1}(3)) = ?$

A) 2   B) 3   C) 4   D) 5   E) 6

15. $f(x) = 2x + 1$, $(f \circ g)(x) = \frac{x}{x-1} \Rightarrow g^{-1}(\frac{1}{2}) = ?$

A) −2   B) −1   C) 0   D) 1   E) 2

16. $f(x) = ax + 3$, $g(x) = \frac{1}{2}x - a$, $(f \circ g^{-1}(-3)) = 2 \Rightarrow a_1 * a_2 = ?$

A) −6   B) −5   C) −3   D) −2   E) −1

17. $f(x) = \frac{3x-a}{2x+1}$, $g(x) = \frac{x-1}{x+1}$, $(f^{-1}og)(3) = \frac{1}{4} \Rightarrow a =?$

A) 0   B) 2   C) 3   D) 4   E) 5

18. $f(x) = ax + b$, $g(x) = 3x - 2$, $(gof)(x) = g^{-1}(x) \Rightarrow a + b =?$

A) 1   B) 2   C) 3   D) 4   E) 5

19. $f(x) = x - 1$, $f(x+1) = g(x-2) \Rightarrow g(x) =?$

A) x B) $x+1$ C) $x-2$ D) $x+2$ E) $2x-1$

20. $f(x) = \frac{x+1}{x-1}$, $g(x) = 3x - 2$, $\Rightarrow (f^{-1}og)(2x) =?$

A) $\frac{2x}{x-3}$ B) $\frac{2x}{2x+3}$ C) $\frac{x+1}{x-2}$ D) $\frac{2x}{2x-1}$ E) $\frac{x+2}{x-1}$

21. $f(x) = x + 1$, $f(x-1) = g(x+2) \Rightarrow g(x) =?$

A) $x+3$ B) $x+1$ C) $x-1$ D) $x+2$ E) $2x-1$

1. $f(x) = \frac{13x-2x}{5} \Rightarrow f\left(\frac{3}{2}\right) =?$

A) 0   B) 2   C) 5   D) 7   E) 10

2. $f(x-1) = 2x - 1 \Rightarrow f(x) = ?$

A) $x + 2$ B) $x - 3$ C) $2x - 2$ D) $2x + 1$
E) $2x + 3$

3. $f(x) = \frac{x+3}{x-4} \Rightarrow f^{-1}(x) = ?$

A) $\frac{-4x-3}{1-x}$ B) $\frac{2(x-2)}{x-1}$ C) $\frac{3(x+1)}{x-1}$ D) $\frac{4(x-4)}{x-2}$
E) $\frac{x-5}{x-3}$

4. $f(x) = x^2 + 2x - 2 \Rightarrow f^{-1}(1) = ?$

A) $\{-3,3\}$ B) $\{-3,1\}$ C) $\{-4,-1\}$
    D) $\{-4-2\}$ E) $\{-5,6\}$

5. $f(2x - 3) = 8x - 17 \Rightarrow f^{-1}(-1) = ?$

A) 1   B) 2   C) 3   D) 4   E) 5

6. $f(x) = \frac{2-x}{3} \Rightarrow fof(x) = ?$

A) $\frac{x-3}{3}$ B) $\frac{x+1}{2}$ C) $\frac{x+2}{3}$ D) $\frac{x+3}{5}$ E) $\frac{x+4}{9}$

7. $\left.\begin{array}{l} fog(x) = 3 - 4x \\ g(x) = 1 - x \end{array}\right\} \Rightarrow f(x) = ?$

A) $x + 5$ B) $2x + 3$ C) $3x + 2$
D) $4x + 3$ E) $4x - 1$

8. $\left.\begin{array}{l} f(x) = 3x - 1 \\ fog(x) = 2f(x) \end{array}\right\} \Rightarrow g(0) = ?$

A) $-\frac{1}{3}$ B) $-\frac{1}{2}$ C) 0   D) $\frac{1}{4}$ E) $\frac{4x+1}{2}$

9. $f\left(\frac{x+1}{3x}\right) = \frac{2-x}{2x} \Rightarrow f(x) = ?$

A) $\frac{6x+3}{4}$ B) $\frac{6x-3}{2}$ C) $\frac{4x+1}{2}$ D) $\frac{3x+1}{5}$ E) $\frac{x+1}{3}$

10. $\left.\begin{array}{l} g(x) = 2x \\ fog(x) = \frac{2x-1}{3} \end{array}\right\} \Rightarrow f(x) = ?$

A) $\frac{x+5}{3}$ B) $\frac{x+3}{3}$ C) $\frac{x+1}{2}$ D) $\frac{x-1}{3}$ E) $\frac{x-2}{4}$

11. $\left.\begin{array}{l} fog^{-1}(x) = \frac{9x-4}{3x-1} \\ f(x) = 3 - x \end{array}\right\} \Rightarrow g^{-1}\left(-\frac{1}{3}\right) = ?$

A) $-\frac{4}{5}$ B) $-\frac{7}{10}$ C) $-\frac{3}{5}$ D) $-\frac{1}{2}$ E) 0

12. $f(3x + 1 = 2x \Rightarrow f^{-1}(x) = ?$

A) $\frac{2(x-2)}{3}$ B) $\frac{2(x+1)}{3}$ C) $\frac{3x+2}{2}$ D) $\frac{x-1}{2}$ E) $\frac{x+1}{2}$

13. $\frac{f(x)+1}{2f(x)} = \frac{1}{3+x} \Rightarrow f(x) = ?$

A) $\frac{-x-3}{x+1}$ B) $\frac{-x+2}{2x}$ C) $\frac{x+1}{2x+1}$ D) $\frac{x+2}{x+3}$ E) $\frac{2x+1}{x+1}$

14. $\begin{cases} x^2 - 9 & x < 0 \\ 2x + 7 & 0 \leq x \leq 5 \\ x - 8 & x > 5 \end{cases}$

$\Rightarrow fofof(0) = ?$

A) -10 B) -8 C) -6 D) -4 E) -2

15. $\left.\begin{array}{l} f(x) = x^2 + 3x - 2 \\ g(x) = x + 1 \end{array}\right\} \Rightarrow fog(x) = ?$

A) $x^2 + x - 1$ B) $x^2 + 7x + 4$

C) $x^2 + 3x - 1$ D) $x^2 + 2x + 1$ E) $x^2 + 5x + 1$

16. $\left.\begin{array}{l} g(x) = -x + 3 \\ gof(x) = 4x + 5 \end{array}\right\} \Rightarrow f^{-1}(1) = ?$

A) $-\frac{1}{4}$ B) $-\frac{2}{4}$ C) $-\frac{3}{4}$ D) -1 E) $-\frac{5}{4}$

17. $\left.\begin{array}{l} f(x) = x + 2 \\ gof^{-1}(x) = 4x + 6 \end{array}\right\} \Rightarrow g^{-1}(0) = ?$

A) $-\frac{7}{2}$ B) $-\frac{5}{2}$ C) $-\frac{3}{2}$ D) -1 E) $-\frac{1}{2}$

18. $\Rightarrow \dfrac{fof(-3)}{fof(5)} = ?$

A) 0   B) −1   C) −2   D) −3   E) −4

19. $\Rightarrow \dfrac{f(0)}{g^{-1}(3)+g(4)} = ?$

A) $-\dfrac{4}{3}$ B) −1   C) $-\dfrac{2}{3}$ D) $-\dfrac{1}{3}$ E) 0

20. $\left.\begin{array}{l} f(x) = \sqrt[3]{x+1} \\ f^{-1}(a) = 0 \end{array}\right\} \Rightarrow a = ?$

A) 1   B) 2   C) 3   D) 4   E) 5

21. $f(x) = 3 - 2x \Rightarrow f(3x) = ?$

A) $-5 - 2f(x)$ B) $-6 + 3f(x)$ C) $-2 - f(x)$ D) $-f(x) + 1$ E) $-f(x) - 3$

LOGARITHM

Definition:

A(a) = 1

$A(x) = \log_a b$.

$B(x) = -\log_a c$.

PROPERTIES

1. Only positive numbers have logarithms.
2. $\log_a 1 = 0$
3. $\log_a a = 1$
4. $y = \log_a x \Leftrightarrow x = a^y$
5. $a^{\log_a x} = x$
6. $\log_a(x \cdot y) = \log_a x + \log_a y$
7. $\log_a \frac{x}{y} = \log_a x - \log_a y$
8. $\log_a x^n = n \cdot \log_a x$
9. $\log_a x = \frac{\log_b x}{\log_b a}$ changing base of a logarithm
10. $\log_a x = \frac{1}{\log_x a}$
11. $\log_{a^n} x^m = \frac{m}{n} \log_a x$
12. $\log_{10} x = \log x$
13. $\log_e x = \ln x, e \equiv 2.7$
14. Colog a $= -\log a$

15. $\log_a b \cdot \log_b c \cdot \log_c d \cdot \log_d f = \log_a f$

Example:

$$A = \frac{2}{\log_{11} 385} + \frac{2}{\log_7 385} + \frac{2}{\log_5 385}$$

$\Rightarrow A = ?$

Solution:

$$A = 2\left(\frac{1}{\frac{1}{\log_{385} 11}} + \frac{1}{\frac{1}{\log_{385} 7}} + \frac{1}{\frac{1}{\log_{385} 5}}\right)$$

$A = 2(\log_{385} 11 + \log_{385} 7 + \log_{385} 5)$

$A = 2(\log_{385} 11 \cdot 7 \cdot 5) = 2 \log_{385} 385$

$ = 2 \cdot 1$

$ = 2$

Example:

$2^{\log x} = 3^{\log 2} \quad \Rightarrow \quad x = ?$

Solution:

$\log 2^{\log x} = \log(3^{\log 2})$

log x · log 2 = log 2 · log 3

log x = log 3 ⇒ x = 3

Example:

$x^{\ln x} - e^6 \cdot x = 0 \Rightarrow (SS) = ?$

Solution:

$x^{\ln x} - e^6 \cdot x = 0 \Rightarrow x^{\ln x} = e^6 \cdot x$

$\ln(x^{\ln x}) = \ln e^6 - 6$

$\ln^2 x - \ln x - 6 = 0$

$(\ln x - 3) \cdot (\ln x + 2) = 0$

$\ln x - 3 = 0 \quad \ln x = -2$

$\ln x - 3 = 0 \quad \ln x = -2$

$x = e^3 \quad x = e^{-2}$

$(SS) = \left\{\dfrac{1}{e^2} \; e^3\right\}$

Example:

$$\log_2(x - 1) + \log_2(3x + 1) = 6$$

⇒ (SS) = ?

Solution:

$x - 1 > 0 \Rightarrow x > 1, 3x + 1 > 0 \Rightarrow x > -\dfrac{1}{3}$

$$x > 1$$

$\log_2(x - 1) \cdot (3x + 1) = 6$

$(x - 1) \cdot (3x + 1) = 2^6$

$3x^2 - 2x - 65 = 0$

$(3x + 13)(x - 5) = 0 \Rightarrow x = -\dfrac{13}{5}$

$(SS) = \{5\}$

Example:

$e^x - 12e^{-x} - 4 = 0 \Rightarrow (SS) = ?$

Solution:

$e^x - \dfrac{12}{e^x} - 4 = 0 \Rightarrow e^{2x} - 4e^x - 12 = 0$

$e^x = t \Rightarrow t^2 - 4t - 12 = 0$

$(t + 2) \cdot (t - 6) = 0$

$t + 2 = 0 \Rightarrow t = -2, t - 6 = 0 \Rightarrow t = 6$

$e^x = -2 \Rightarrow \varsigma_1 = \emptyset$

$e^x = 6 \Rightarrow x = \ln 6$

$(SS) = \{\ln 6\}$

Example:

$$\begin{cases} \log xy^3 = 3 \\ \log \dfrac{x^2}{y} = -8 \end{cases} \Rightarrow (x,y) = (?,?)$$

Solution:

$$\begin{cases} \log x + 3\log y = 3 \\ 2\log x - \log y = -8 \end{cases} \Rightarrow$$

$$\begin{cases} \log x + 3\log y = 3 \\ 6\log x - 3\log y = -24 \end{cases}$$

$7 \log x = -21 \Rightarrow \log x = -3 \Rightarrow x = 10^{-3}$

$-3 + 3\log y = 3 \Rightarrow \log y = 2 \Rightarrow y = 10^2$

$(x,y) = (10^{-3}, 10^2)$

INVERSE OF A LOGARITHM FUNCTION

$f(x) = \log_a x \iff f^{-1}(x) = a^x$

Example:

$f(x) = \log_5(3x - 2) \implies f^{-1}(2) = ?$

Solution:

$f(x) = \log_5(3x - 2)$

$\implies y = \log_5(3x - 2)$

$5^y = 3x - 2$

$\implies x = \dfrac{5^y + 2}{3}$

$f^{-1}(x) = \dfrac{5^x + 2}{3}$

$\implies f^{-1}(2) = \dfrac{5^2 + 2}{3} = \dfrac{27}{3} = 9$

$\implies f^{-1}(2) = 9$

Example:

$f(x) = 2^{5x-3} - 28 \Rightarrow \mathbf{f^{-1}(100)} = ?$

Solution:

$y = 2^{5x-3} - 28$

$2^{5x-3} = y + 28$

$5x - 3 = \log_2(y + 28)$

$x = \dfrac{\log_2(y + 28) + 3}{5}$

$f^{-1}(x) = \dfrac{\log_2 \cdot 8(x + 28)}{5}$

$f^{-1}(100) = \dfrac{\log_2 2^3 \cdot 128}{5}$

$= \dfrac{\log_2 2^{10}}{5} = \dfrac{10}{5} = 2$

TEST WITH SOLUTIONS

1. $\log 2 = m \Rightarrow \log 320 = ?$

A) $4m$ B) $5m$ C) $5m - 1$ D) $5m + 1$
E) m^5

Solution:

$\log 2 = m$

$\log 320 = \log(32 \cdot 10) = \log 32 + \log 10$
$ = \log 2^5 + 1$
$ = 5 \log 2 + 1$
$ = 5m + 1$

Correct Answer - D

2. $\log 2 = m$ and $\log 3 = n \Rightarrow \log 720 = ?$

A) $3n - 1$ B) $2n + 1$ C) $2m + 3m + 1$
D) $2n + 1$ E) m^5

Solution:

$\log 2 = m, \log 3 = n$

$$\begin{aligned}
\log 720 &= \log(72 \cdot 10) = \log 72 + \log 10 \\
&= \log(9 \cdot 8) + 1 \\
&= \log 9 + \log 8 + 1 \\
&= \log 3^2 + \log 2^3 + 2 \\
&= 2\log 3 + 3\log 2 + 1 \\
&= 2n + 3m + 1
\end{aligned}$$

Correct Answer - C

3. $\log_2 3 \cdot \log_3 5 \cdot \log_5 9 \cdot \log_9 16 = ?$

A) 1   B) 2   C) 3   D) 4   E) 5

Solution:

$\log_2 3 \cdot \log_3 5 \cdot \log_5 9 \cdot \log_9 16$

$$= \frac{\log 3}{\log 2} \cdot \frac{\log 5}{\log 3} \cdot \frac{\log 3^2}{\log 5} \cdot \frac{\log 2^4}{\log 3^2}$$

$$= \frac{\log 3}{\log 2} \cdot \frac{\log 5}{\log 3} \cdot \frac{2\log 3}{\log 5} \cdot \frac{4\log 2}{2\log 3} = 4$$

Correct Answer - D

4. $\log_3 5 = a \implies \log_5 9 = ?$

A) a   B) 2a   C) $\dfrac{2}{a}$ D) $-a$ E) $-\dfrac{a}{2}$

Solution:

$\log_3 5 = a$

$\log_5 9 = \dfrac{1}{\log_9 5} = \dfrac{1}{\log_{3^2} 5} = \dfrac{2}{\log_3 5} = \dfrac{2}{a}$

Correct Answer - C

5. $\log_2(x-5) = 4 \implies x = ?$

A) 21   B) 16   C) 8   D) -8 E) -16

Solution:

$\log_2(x-5) = 4 \implies x - 5 = 2^4$

$\qquad\qquad\qquad\quad x - 5 = 16$

$$x = 16 + 5$$
$$x = 21$$

Correct Answer - A

6. $\log_3 x - \log_3(x-1) = 2 \quad \Rightarrow \quad x = ?$

A) $\dfrac{8}{9}$ B) $\dfrac{9}{8}$ C) $\dfrac{2}{3}$ D) $-\dfrac{2}{3}$ E) $-\dfrac{9}{10}$

Solution:

$$\log_3 x - \log_3(x-1) = 2 \Rightarrow \log_3\left(\frac{x}{x-1}\right) = 2$$

$$\frac{x}{x-1} = 3^2 \Rightarrow \frac{x}{x-1} = 9$$

$$x = 9x - 9$$

$$x = \frac{9}{8}$$

Correct Answer - B

7. $e^{2x} - 4e^x - 32 = 0 \quad \Rightarrow \quad x = ?$

A) $\ln 2$ B) $3\ln 2$ C) $\ln 6$ D) $2\ln 6$ E) $4\ln 6$

Solution:

$$e^{2x} - 4e^x - 32 = 0$$
$$(e^x - 8) \cdot (e^x + 4) = 0$$
$$e^x - 8 = 0$$
$$e^x = 8$$
$$x = \ln 8$$
$$x = 3 \cdot \ln 2$$

Correct Answer - B

8. $\log_6 2 = a \quad \Rightarrow \quad \log_6 9 = ?$

A) $3a$ B) $6 - 3a$ C) $-2a$ D) $2a - 4$
E) $2 - 2a$

Solution:

$$\log_6 2 = \frac{1}{\log_2 6} = \frac{1}{\log_2 3 + 1} = a$$

$$\log_2 3 = \frac{1}{a} - 1 = \frac{1-a}{a} \Rightarrow \log_3 2 = \frac{a}{1-a}$$

$$\log_6 9 = \frac{1}{\log_9 6} = \frac{2}{\log_3 6} = \frac{2}{\log_3 2 + 1}$$

$$= \frac{2}{\frac{a}{1-a}+1}$$

$$= \frac{2}{\frac{1}{1-a}}$$

$$= 2 \cdot (1-a) = 2 - 2a$$

Correct Answer - E

9. $\log_2(\log_3 x) = 3 \Rightarrow x = ?$

A) 2^3 B) 2^6 C) 3^8 D) 3^6 E) -3^4

Solution:

$\log_2(\log_3 x) = 3 \Rightarrow \log_3 x = 2^3$

$\qquad\qquad\qquad\quad \log_3 x = 8$

$\qquad\qquad\qquad\qquad x = 3^8$

Correct Answer - C

10. $\log 20 + 2 \log 2 - 3 \log 2 = ?$

A) -2 B) -1 C) 0 D) 1 E) 2

Solution:

$$\log 20 + 2\log 2 - 3\log 2 = \log 20 + \log 2^2 - \log 2^3$$
$$= \log\left(\frac{20 \cdot 4}{8}\right)$$
$$= \log 10$$
$$= 1$$

Correct Answer - D

11. $\log_3 x + \log_9 x = 5 \Rightarrow x = ?$

A) $\sqrt[3]{3}$ B) $3\sqrt[3]{9}$ C) $3\sqrt[3]{3}$ D) $27\sqrt{3}$ E) $27\sqrt[3]{3}$

Solution:

$$\log_3 x + \log_9 x = \log_3 x + \frac{1}{2}\log_3 x$$
$$= \log_3 x + \log_3 x^{\frac{1}{2}}$$
$$= \log_3 (x \cdot x^{1/2})$$
$$= \log_3 x^{3/2} = 5$$
$$x^{3/2} = 3^5$$
$$x = 3^{10/3}$$
$$x = 27\sqrt[3]{3}$$

Correct Answer - E

12. $\log_2(x+2) + \log_2(x-2) = 3 \Rightarrow x = ?$

A) $-2\sqrt{3}$ B) $\dfrac{\sqrt{3}}{2}$ C) $\sqrt{3}$ D) $2\sqrt{3}$ E) $2\sqrt{3}$

Solution:

$$\log_2(x+2) + \log_2(x-2) = 3$$
$$\log_2[(x+2) \cdot (x-2)] = 3$$
$$\log_2(x^2 - 4) = 3$$
$$x^2 - 4 = 2^3$$
$$x^2 = 12$$
$$x = 2\sqrt{3}$$

Correct Answer - D

13. $\log 3 = a, \log 4 = b \Rightarrow \log_5 36 = ?$

A) $2a + 4b$ B) $\dfrac{5 - 2a}{b + 1}$ C) $\dfrac{a + 2b}{b - a}$ D) $\dfrac{2b + 4a}{2 - b}$

E) $\dfrac{4a - 2b}{a - 2}$

Solution:

$\log 3 = a$

$\log 4 = \log 2^2 = 2\log 2 = b$

$\log 2 = \dfrac{b}{2}$

$\log_5 36 = \dfrac{\log 36}{\log 5} = \dfrac{2\log 6}{\log \frac{10}{2}}$

$= \dfrac{2(\log 2 + \log 3)}{\log 10 - \log 2}$

$= \dfrac{2\left(\frac{b}{2} + a\right)}{1 - \frac{b}{2}}$

$= \dfrac{2(b + 2a)}{2 - b}$

$= \dfrac{2b + 4a}{2 - b}$

Correct Answer - D

14. $\log x^2 + \log x^3 = 15 \Rightarrow x = ?$

A) 10^3 B) 10^5 C) 6^{15} D) 2^{15} E) 3^{10}

Solution:

$$\log x^2 + \log x^3 = \log(x^2 \cdot x^3) = \log x^5$$
$$\log x^5 = 15 \Rightarrow x^5 = 10^{15}$$
$$x = 10^3$$

Correct Answer - A

15. $3^{\log 3^8} + 2^{\log 2^9} = 5^{\log 5^x} \Rightarrow x = ?$

A) 17   B) 16   C) 15   D) 14   E) 13

Solution:

$\begin{cases} 3^{\log 3^8} = 8 \\ 2^{\log 2^9} = 9 \\ 5^{\log 5^x} = x \end{cases} \Rightarrow \begin{array}{l} 8 + 9 = x \\ 17 = x \end{array}$

Correct Answer - A

16. $\ln \sqrt{x} + \ln \sqrt{x^3} = 1 \Rightarrow x = ?$

A) $2e$ B) e^2 C) $\sqrt{e}$ D) $\sqrt[3]{e}$ E) e

Solution:

$$\ln \sqrt{x} + \ln \sqrt{x^3} = \ln(\sqrt{x} \cdot \sqrt{x^3})$$
$$= \ln \sqrt{x^4}$$
$$= \ln x^2 = 1$$
$$x^2 = e$$
$$x = \sqrt{e}$$

Correct Answer - C

17. $3^x + 3^{x+2} = 10 \Rightarrow x = ?$

A) 0 B) $\dfrac{1}{2}$ C) 1 D) $\dfrac{3}{2}$ E) $\dfrac{5}{2}$

Solution:

$$3^x + 3^{x+2} = 3^x + 3^x \cdot 3^2 = 10$$
$$3^x(1 + 9) = 10$$
$$3^x = 1$$
$$x = 0$$

Correct Answer - A

18. $\log 2 = 0.30103 \quad \Rightarrow \quad \log 125 = ?$

A) -2.69897 B) 2.69897 C) 2.60206
D) 2.09691 E) -2.6991

Solution:

$\log 2 = 0.30103$

$\log 125 = \log \dfrac{1000}{8} = \log 10^3 - \log 2^3$

$\qquad = 3 - 3 \log 2$

$\qquad = 3 - 3 \cdot (0.30103)$

$\qquad = 2.09691$

Correct Answer - D

19. $\log x = 2.48135 \quad \Rightarrow \quad \text{colog } x = ?$

A) $\overline{3}.51865$ B) $e^{2.48135}$ C) $\dfrac{1}{2.48135}$
D) $\overline{2}.48135$ E) $\overline{3}.48135$

Solution:

$\log x = 2.48135$

72

$$\text{colog } x = -\log x$$
$$= -2.48135$$
$$= -2 - 0.48135$$
$$= -2 - 1 + 1 - 0.48135$$
$$= -3 + 0.51865$$
$$= \bar{3}.51865$$

Correct Answer - A

20. $\log_3(x^2 - 6x) > 3$

What is the solution set for this in equality?

A) $x < 3$
   $x > 9$

B) $x < -3$
   $x > 9$

C) $x < -3$
   $x > -9$

D) $x > 3$
   $x < 9$

E) $x > -3$
   $x < -9$

Solution:

$\log_3(x^2 - 6x) > 3$

$x^2 - 6x > 3^3$ and $x^2 - 6x > 0$

$x^2 - 6x > 27$ $\quad\quad x(x - 6) > 0$

$x^2 - 6x - 27 > 0$ $\quad\quad x_1 = 0$

$(x-9)\cdot(x+3) > 0$ $x_2 = 6$

$x_1 = 9$

$x_2 = -3$

$x < -3, x > 9$

Correct Answer - B

1. $x > 1$

   $(x-1)^{(x+3)} = 1$

   $\Rightarrow \log_x \dfrac{1}{2} = ?$

A) -1 B) -2 C) -3 D) -4 E) -5

Solution:

$x - 1 = 1 \quad \Rightarrow \quad x = 2$

(Base of a logarithm cannot be negative)

$x = 2$

$\log_2 \dfrac{1}{2} = -\log_2 2$

$= -1$

Correct Answer - A

2. $\log_3 5 = x \Rightarrow \log_3 15 = ?$

A) $2x + 2$ B) $2x + 1$ C) $2x - 1$
D) $x - 2$ E) $x + 1$

Solution:

$\log_3 5 = x$

$\log_3 5 = \log_3(3 \cdot 5) = \log_3 3 + \log_3 5 = 1 + x$

Correct Answer - E

3. $\log_{10} 5 = x \Rightarrow 5^{1-x} = ?$

A) 2^x B) 2^{-x} C) 2^{x-1} D) 2^{1-x}
E) 2^{x+1}

Solution:

$\log_{10} 5 = x \Rightarrow 5 = 10^x$

$\qquad\qquad 5 = 5^x \cdot 2^x$

$\qquad\qquad \dfrac{5}{5^x} = 2^x$

$\qquad 5^{1-x} = \dfrac{5}{5^x} = 2^x$

Correct Answer - A

4. $|AB| = \log_2 8$

   $|BC| = \log_2 4$

   $\Rightarrow \dfrac{|AC|}{|BC|} = ?$

A) $\dfrac{5}{2}$ B) $\dfrac{3}{2}$ C) $\dfrac{1}{2}$ D) 2   E) 4

Solution:

$\dfrac{|AC|}{|BC|} = \dfrac{\log_2 8 + \log_2 4}{\log_2 4} = \dfrac{\log_2(8 \cdot 4)}{\log_2 2^2}$

$$= \frac{\log_2 2^5}{2}$$

$$= \frac{5}{2}$$

Correct Answer - A

5. $\log_a \frac{a}{b} = 4 \Rightarrow \log_a b = ?$

A) − 1   B) − 2   C) − 3   D) − 4   E) − 5

Solution:

$\log_a \frac{a}{b} = 4$

$\log_a a - \log_a b = 4$

$1 - \log_a b = 4$

$\log_a b = -3$

Correct Answer - C

6. $\dfrac{1}{\log_4 16} + \dfrac{1}{\log_2 4} = ?$

A) 1   B) 2   C) 3   D) $\frac{1}{2}$ E) $\frac{1}{3}$

Solution:

$$\frac{1}{\log_4 16} + \frac{1}{\log_2 4} = \frac{1}{\log_{2^2} 2^4} + \frac{1}{\log_2 2^2}$$

$$= \frac{1}{2} + \frac{1}{2}$$

$$= 1$$

Correct Answer - A

7. $\begin{cases} \log_a x = 30 \\ \log_b x = 70 \end{cases} \Rightarrow \log_{ab} x = ?$

A) 15   B) 21   C) 28   D) 35   E) 50

Solution:

$$\log_{ab} x = \frac{1}{\log_x ab} = \frac{1}{\log_x a + \log_x b}$$

$$= \frac{1}{\frac{1}{30} + \frac{1}{70}} = \frac{1}{\frac{10}{210}}$$

$$(7)\ (3)$$
$$= 21$$

Correct Answer - B

8. $x \in R^+, x \neq 1$

$\log_3(3 \cdot \log_x(2x - 3)) = 1 \Rightarrow x = ?$

A) 1   B) 2   C) 3   D) 4   E) 5

Solution:

$\log_3(3 \cdot \log_x(2x - 3)) = 1$

$3 \cdot \log_x(2x - 3) = 3^1 = 3$

$\log_x(2x - 3) = 1$

$2x - 3 = x$

$x = 3$

Correct Answer - C

9. $\begin{cases} \log 3 = x \\ \log 5 = y \\ \log 7 = z \end{cases} \Rightarrow \log \dfrac{225}{7} = ?$

A) $x + y - z$ B) $x + 2y - z$

C) $2x + y - z$

D) $2x + 2y - z$ E) $2x + 2y + z$

Solution:

$$\log\frac{225}{7} = \log 225 - \log 7 = \log(3^2 \cdot 5^2) - \log 7$$
$$= 2 \cdot \log 3 + 2 \cdot \log 5 - \log 7 = 2x + 2y - z$$

Correct Answer - D

Logarithm

Test 1

1. $\log_6 2 + \log_6 3 = ?$

A) 2   B) 1   C) 0   D) -1 E) -2

2. $\log_9 27 = ?$

A) $\dfrac{1}{3}$ B) 3   C) 6   D) $\dfrac{2}{3}$ E) $\dfrac{3}{2}$

3. $y = \log_7 \frac{1}{x}, x = 7^5 \Rightarrow y = ?$

A) 1   B) 0   C) -5 D) -7 E) -49

4. $\log_3 5 = a \Rightarrow \log_5 15 = ?$

A) $a+1$ B) $a-1$ C) $1 + \dfrac{1}{a}$

D) $\dfrac{a-1}{a}$ E) $\dfrac{1}{a}$

5. $\log_{\frac{1}{\sqrt{2}}} 8 = ?$

A) 0   B) – 2   C) – 4   D) – 6   E) – 8

6. $\log_{\sqrt{8}} b = \dfrac{10}{3} \Rightarrow \mathbf{b} = ?$

A) 8   B) 16   C) 32   D) 64   E) 128

7. $\log_{\frac{1}{x}} 4 = -2 \Rightarrow \mathbf{x} = ?$

A) 1   B) 2   C) 3   D) 4   E) 5

8. $\log_x 4 = -\dfrac{1}{3} \Rightarrow \mathbf{x} = ?$

A) $\dfrac{1}{4}$ B) $\dfrac{1}{16}$ C) $\dfrac{1}{24}$ D) $\dfrac{1}{64}$ E – 1

9. $\begin{cases} \log_3 2 = a \\ \log_3 5 = b \end{cases} \Rightarrow \mathbf{\log 30} = ?$

A) $1 + \dfrac{1}{a+b}$ B) $1 - \dfrac{1}{a+b}$ C) $\dfrac{a}{b+1}$

D) $a - b + 1$ E) $1 - \dfrac{a}{b}$

10. $\log_3[\log_2(\log_4(x-1))] = 0 \Rightarrow x = ?$

A) 17 B) 18 C) 19 D) 20 E) 21

11. $(\log_x 8)^{\log_5 125} = 27 \Rightarrow x = ?$

A) 5 B) 4 C) 3 D) 2 E) 1

12. $\log_2 m = \log_{\frac{1}{2}} n$, $m + n = 5$
$\Rightarrow m^2 + n^2 = ?$

A) 27 B) 26 C) 25 D) 24 E) 23

13. $\begin{cases} \log(xy) = 2 \\ \log\left(\dfrac{x}{y}\right) = -2 \end{cases} \Rightarrow y = ?$

A) 1 B) 10 C) 100 D) 1000 E) $\dfrac{1}{10}$

14. $\log 2 = a \Rightarrow \log 25 = ?$

A) $1 - a$ B) $2 - a$ C) $1 + a$

83

D) 2 + a   E) 2 − 2a

15. $\log_{\sqrt{2}} 16 + \log_3 \sqrt{27} + \log_{25} 5 = ?$

A) 10   B) 9   C) 8   D) 7   E) 6

16. $\log_7(\log_2 16) = \dfrac{1}{\log_x 49} \Rightarrow x = ?$

A) 64   B) 16   C) 8   D) 4   E) 2

17. $\log_3 12 = a \Rightarrow \log_3 18 = ?$

A) $\dfrac{a+1}{2}$ B) $\dfrac{a+2}{2}$ C) $\dfrac{a+3}{2}$

D) $\dfrac{a-1}{2}$ E) $\dfrac{a-2}{2}$

18. $\log_3 a = \log_{\frac{1}{81}} b \Rightarrow \log_a b = ?$

A) −4   B) $-\dfrac{1}{2}$ C) $-\dfrac{1}{3}$ D) $-\dfrac{1}{4}$

E) $-\dfrac{1}{6}$

19. $7^{\log_3 x} = 49 \Rightarrow x = ?$

A) 3   B) 6   C) 7   D) 8   E) 9

20. $\log_3 2 \cdot \log_8 125 \cdot \log_{25} 81 = ?$

A) 2   B) 3   C) 4   D) 5   E) 6

21. $\dfrac{(\log_2 20)^2 - (\log_2 5)^2}{\log_2 10} = ?$

A) 6   B) 5   C) 4   D) 3   E) 2

22. $\log_2(\log_{10} x) = 3 \Rightarrow x = ?$

A) 10^4 B) 10^6 C) 10^8
D) 10^9 E) 10^{12}

23. $3^n = a, \quad \log_a 81^2 = n^2 \Rightarrow n = ?$

A) -1 B) 0   C) 1   D) 2   E) 3

24. $\log_a 2 + \log_a 4 + \log_a 8 = 24 \Rightarrow a = ?$

A) 4   B) 2   C) $\sqrt{2}$ D) $\sqrt[3]{2}$ E) $\sqrt[4]{2}$

25. $(\log_{a-1} 9)^{\log_2 18} = 16 \Rightarrow \mathbf{a} = ?$

A) 1   B) 3   C) 4   D) 5   E) 6

Answers					
1. B	2. E	3. C	4. C	5. D	6. C
7. B	8. D	9. A	10. A	11. D	12. E
13. C	14. E	15. A	16. B	17. C	18. A
19. E	20. A	21. C	22. C	23. D	24. E
25. C					

Logarithm

Test 2

1. $\log_3 4 = x \Rightarrow \log_3 162 = ?$

A) $\dfrac{x-8}{2}$ B) $\dfrac{x+8}{2}$ C) $x+4$ D) $x-4$

E) $\dfrac{x-4}{2}$

2. $\dfrac{1}{\log_2 18} + \dfrac{1}{\log_6 18} + \dfrac{1}{\log_{27} 18} = ?$

A) 2 B) 3 C) 4 D) 5 E) 6

3. $a = \log_4 5, \quad b = \log_{\frac{1}{5}} 4, \quad c = \log_5 4 \Rightarrow ? < ? < ?$

A) $a < b < c$ B) $c < b < a$ C) $a < c < b$

D) $b < c < a$ E) $b < a < c$

4. $\log_5 a - \log_5 b = 2 \Rightarrow \dfrac{10b - a}{5b} = ?$

A) -3 B) -4 C) -5 D) -6

E) -7

5. $\log_3 63 = x, \log_7 81 = y \Rightarrow y = ?$

A) $\dfrac{4}{x}$ B) $\dfrac{4}{x+1}$ C) $\dfrac{4}{x-1}$ D) $\dfrac{4}{x-2}$

E) $\dfrac{4}{x+2}$

6. $125^{\log_5 2} + \log_5 0.008 = ?$

A) 7   B) 6   C) 5   D) 4   E) 3

7. $\log x = b - \log a \Rightarrow x = ?$

A) $a \cdot b 10$ B) $10\, a \cdot b$ C) $109 \cdot b$

D) $\dfrac{10^b}{a}$ E) $\dfrac{a \cdot b}{10}$

8. $\begin{cases} \log 2 = a \\ \log 3 = b \end{cases} \Rightarrow \log 72 = ?$

A) $3a$ B) $a + b$ C) $3b$

D) $3a + 2b$ E) $2a + 2b$

9. $\log 4 \cdot \log_4 9 \cdot \log_3 e = ?$

A) 1   B) 2   C) 4   D) ln 5   E) $\dfrac{2}{\ln 10}$

10. $\log 40 = x \quad \Rightarrow \quad \log 25 = ?$

A) $3 - 2x$ B) $2 - x$ C) $3 - 4x$ D) $1 - x$
E) $3 - x$

11. $\log(2x + 4) - \log(x - 2) = 1 \Rightarrow x = ?$

A) 7   B) 6   C) 5   D) 4   E) 3

12. $2\sqrt{\ln x} - \ln\sqrt{x} = 0 \quad \Rightarrow \quad x = ?$

A) $\{1, e^4\}$ B) $\{e^4, e^{16}\}$ C) $\{1, e^{16}\}$ D) $\{2, e^4\}$
E) $\{2, e^{16}\}$

13. $\log_x 3 > \log_x(4 - x) \Rightarrow x \in ?$

A) $(3, +\infty)$ B) $(0,4) - \{1\}$ C) $(0,3) - \{1\}$
D) $(3,4)$ E) $(4, +\infty)$

14. $\log 2 = a, \log 3 = b$ and $\log 7 = c \Rightarrow \log 420 = ?$

A) $a + b + c$ B) $a + b + c + 1$ C) $a - b + c - 1$
D) $a \cdot b \cdot c + 12$ E) $a \cdot b \cdot c - 1$

15. $\log_{15} 3 = a \Rightarrow \log_5 15 = ?$

A) $a - 1$ B) $a + 1$ C) $3a$ D) $\dfrac{1}{a+1}$

E) $\dfrac{1}{1-a}$

16. $\log_3 x + 5 \log_x 3 = 6 \Rightarrow x = ?$

A) $\{3, 243\}$ B) $\{3, 8\}$ C) $\left\{\dfrac{1}{3}, \dfrac{1}{81}\right\}$

D) $\left\{\dfrac{1}{243}, \dfrac{1}{3}\right\}$ E) $\{27, 81\}$

17. $\log_3 a - \log_{\frac{1}{3}} b = 3, \log_4(a+b) = 2$

$\Rightarrow a^2 + b^2 = ?$

A) 54 B) 148 C) 202 D) 256 E) 310

18. $\log_4[\log_5(\ln x)] = 0 \Rightarrow x = ?$

A) 0   B) 1   C) e^3 D) e^4 E) e^5

19. $log_5(x+y) + log_5(x-y) = 2$
$x+y = 25 \Rightarrow x^2 + y^2 = ?$

A) 83   B) 125   C) 193   D) 313   E) 625

20. $log_{16} a + log_4 a - log_2 a = 0.5 \Rightarrow a = ?$

A) $\dfrac{1}{4}$ B) $\dfrac{1}{2}$ C) $\dfrac{2}{3}$ D) 2   E) 3

21. $log_{10}(log_8 x) + log_{10}(log_x 8) = ?$

A) 0   B) 1   C) x D) 8   E) 10

22. $\begin{cases} log_2 3 = a \\ log_2 5 = b \end{cases} \Rightarrow log\ 60 = ?$

A) $\dfrac{a+b+1}{b-1}$ B) $\dfrac{a+b}{1+b}$ C) $\dfrac{2+a+b}{1+b}$

D) $\dfrac{2+a+b}{2+b}$ E) $\dfrac{a+b-2}{1+b}$

23. $\log_5(-x) + \log_5(4-x) = \log_5 12 \Rightarrow x = ?$

A) -1 B) -2 C) -3 D) -4
E) -5

24. $\log_3(26!) = x \Rightarrow \log_3(27!) = ?$

A) $3x$ B) $3+x$ C) $3-x$ D) $2+x$
E) 2

Answers					
1. B	2. A	3. D	4. A	5. D	6. C
7. D	8. D	9. B	10. E	11. E	12. C
13. B	14. B	15. E	16. A	17. C	18. E
19. D	20. A	21. A	22. C	23. B	24. B

Logarithm

Test 3

1. $\log_2 3 = x \Rightarrow \log_9 2 = ?$

A) $\dfrac{1}{2x}$ B) $\dfrac{x}{2}$ C) $\dfrac{x+1}{2}$

D) $\dfrac{1}{x+2}$ E) $\dfrac{2}{x+1}$

2. $\log_a 9 = 6 \Rightarrow \log_{27} a = ?$

A) $\dfrac{1}{9}$ B) $\dfrac{1}{6}$ C) $\dfrac{1}{4}$ D) 2   E) 5

3. $\log_4[\log_3 (\ln x)] = 0 \Rightarrow x = ?$

A) 12   B) e C) 64   D) e^2 E) e^3

4. $\log_a b = 6 \Rightarrow \log_a bc + \log_a \dfrac{b}{c} = ?$

A) 15   B) 14   C) 13   D) 12   E) 11

5. $a^{\log a^6} + b^{\log b^{\frac{x}{5}}} = 9 \Rightarrow x = ?$

A) 15   B) 12   C) 10   D) 9   E) 6

6. $\dfrac{1}{\log_9 3} + \log_3 x = 5 \Rightarrow x = ?$

A) 1   B) 3   C) 6   D) 9   E) 27

7. $\dfrac{1}{\log_4 2} + \dfrac{1}{\log_8 2} + \dfrac{1}{\log_{16} 2} = ?$

A) 2   B) 3   C) 4   D) 7   E) 9

8. $\log_4 8 \cdot \log_8 32 = ?$

A) $\dfrac{5}{2}$ B) $\dfrac{5}{3}$ C) $\dfrac{3}{2}$ D) 1   E) $\dfrac{1}{2}$

9. $\log_x 3 + \log_9 x = \dfrac{3}{2} \Rightarrow \log(x^2 + 1) = ?$

A) $\log 5$ B) 1   C) 2   D) 3   E) $\log 17$

10. $100^{\log x} = x^2 - 2x + 4 \Rightarrow x = ?$

A) 1   B) 2   C) 3   D) 4   E) 5

11. $\log_3 16 \cdot \log_2 \dfrac{1}{27} = x \Rightarrow x = ?$

A) -12 B) -6 C) $\dfrac{2}{3}$ D) 6

E) 12

12. $\log_2 \left(\dfrac{1}{16}\right) = x \Rightarrow x = ?$

A) $\dfrac{1}{2}$ B) $\dfrac{1}{4}$ C) $\dfrac{1}{8}$

D) -2 E) -4

13. $\log \sqrt{125} \cdot \ln 10 \cdot \log_5 e = ?$

A) 1 B) $\dfrac{e}{10}$ C) e D) $\dfrac{3}{2}$ E) $\dfrac{5}{3}$

14. $\begin{cases} \log_b^{1/a} = 2 \\ \log_c b = 3 \end{cases} \Rightarrow \log_{\frac{1}{c}} a = ?$

A) $-\dfrac{1}{6}$ B) $\dfrac{1}{6}$ C) $\dfrac{1}{2}$ D) $\dfrac{3}{2}$ E) 6

15. $3 + \log_5 10 - \log_5 50 = ?$

A) −1   B) 0   C) 1   D) 2   E) 3

16. $x = 27 \Rightarrow y = ?$

A) 3   B) 6   C) 9   D) 12   E) 36

17. $3^{2+\ln x} + 3^{\ln x} = 270 \Rightarrow x = ?$

A) e B) e^2 C) e^3 D) e^4 E) e^5

18. $1 + \ln(e - x) = \ln(x + 3) \Rightarrow x = ?$

A) $\dfrac{e+3}{e-1}$ B) $\dfrac{e^2-1}{e+3}$ C) $\dfrac{e^2-3}{e+1}$

D) $\dfrac{e-1}{e^2+3}$ E) $\dfrac{e-1}{e-3}$

19. $f(x) = \log_3(2x - m), f^{-1}(2) = 3 \Rightarrow m = ?$

A) −9   B) −6   C) −3   D) 2

E) 4

20. $\log_{\frac{1}{2}}(x-2) \geq 0 \Rightarrow (SS) = ?$

A) [2,3) B) (2,4) C) (3,∞) D) [2.3] E) (2,3]

21. $\log_3 5 = a \Rightarrow \log_{81} 15 = ?$

A) $\dfrac{a+1}{4}$ B) $\dfrac{a-1}{2}$ C) $\dfrac{a+3}{5}$

D) $\dfrac{2a+3}{2}$ E) $\dfrac{a+3}{6}$

22. $x > 0, \log_2[\log_3(x^2 + 17)] = 2 \Rightarrow x = ?$

A) 12 B) 10 C) 8 D) 6 E) 4

23. $\begin{cases} \ln(xy) = 3 \\ \ln x - \ln y = 1 \end{cases} \Rightarrow x = ?$

A) 1 B) 2 C) e D) e^2 E) e^3

24. $\log_5(x-2) + \log_5(x+2) = 1 \Rightarrow (SS) = ?$

A) {4} B) {−3} C) {3}

D) {3, −3} E) {−3,5}

25. $f(x) = 3 + 2 \cdot \log_{16}(3x - 2) \Rightarrow f^{-1}(3) = ?$

A) 1   B) 2   C) 3   D) 4   E) 5

26. $\log_{81} x + \log_{27} x = \log_3 x \Rightarrow ÇK(SS) = ?$

A) $\emptyset$ B) $\{1\}$ C) $\left\{\dfrac{1}{3}, 1\right\}$

D) $\left\{\dfrac{1}{3}\right\}$ E) $\{3\}$

Answers					
1. A	2. A	3. E	4. D	5. A	6. E
7. E	8. E	9. B	10. B	11. A	12. E
13. D	14. A	15. D	16. B	17. C	18. C
19. C	20. E	21. A	22. C	23. D	24. C
25. A	26. B				

Logarithm

Test 4

1. $\dfrac{1 + \log 90}{\log 30} = ?$

A) 1   B) 2   C) 3   D) 4   E) 5

2. $k \in Z_+$ and $0 < m < 1$

$\log(218672163.35) = k + m \Rightarrow k = ?$

A) 6   B) 7   C) 8   D) 9   E) 10

3. $5^n = a \Rightarrow \log_{25} a = ?$

A) $\dfrac{n}{10}$ B) $5n$ C) $2n$ D) $\dfrac{n}{5}$ E) $\dfrac{n}{2}$

4. $\log \dfrac{x}{5} + 1 = \log x - \log(2 - x) \Rightarrow \sum x = ?$

A) $\dfrac{7}{5}$ B) $\dfrac{5}{3}$ C) $\dfrac{5}{4}$ D) $\dfrac{3}{2}$ E) $\dfrac{4}{5}$

5. $\log x = a, \log y = b \Rightarrow \operatorname{colog} \dfrac{x}{y} = ?$

A) $\dfrac{a}{b}$ B) $a+b$ C) $b \cdot a$ D) $a-b$

E) $b-a$

6. $\log_{27} x + \log_9 x = \dfrac{5}{2} \Rightarrow \log_{81} x = ?$

A) $\dfrac{2}{3}$ B) $\dfrac{3}{5}$ C) $\dfrac{3}{4}$ D) $\dfrac{4}{3}$ E) $\dfrac{5}{3}$

7. $\log_4 7 = a \Rightarrow \log_7 28 = ?$

A) $\dfrac{2}{a}$ B) $\dfrac{a+1}{a}$ C) $\dfrac{a-1}{4}$

D) $\dfrac{a+1}{4}$ E) $\dfrac{2a+1}{2}$

8. $\log 2 = a$

$\log 3 = b$

$\Rightarrow \log_5 18 = ?$

A) $\dfrac{a+b}{a-b}$ B) $\dfrac{a(a+b)}{a-b}$ C) $\dfrac{a+2b}{1-a}$

D) $\dfrac{a(b+2a)}{b(1-a)}$ E) $\dfrac{b(a+2b)}{a(1-b)}$

9. $\log_3 \sqrt[3]{a \sqrt[3]{a\sqrt[3]{a\ldots}}} = 2 \Rightarrow a = ?$

A) 9   B) 27   C) 81   D) 243   E) 729

10. $\log_x y \cdot \log_y x^2 \cdot \log_3 \left(\dfrac{x-1}{3}\right) = 2 \Rightarrow x = ?$

A) 6   B) 7   C) 8   D) 9   E) 10

11. $x^2 - x \log a + \log b = 0 \Rightarrow (SS) = \{x_1, x_2\}$

$\dfrac{1}{x_1} + \dfrac{1}{x_2} = \dfrac{1}{3}$ **what is the relation between a and b?**

A) $b = a^3$ B) $3a = b$ C) $a = b^2$

D) $\dfrac{a}{b} = 3$

E) $a \cdot b = 2$

12. $\log_3 x + \log_x 3 = 2 \Rightarrow (SS) = ?$

A) $\{3,4\}$ B) $\left\{3, \dfrac{1}{3}\right\}$ C) $\{3\}$ D) $\{2\}$

E) $\{2,3\}$

13. $log(5x + 10)^2 - log(3x - 4)^2 = 2 \Rightarrow x_1 = a$

$\Rightarrow log\ 4a = ?$

A) 8   B) 4   C) 2   D) $\dfrac{1}{4}$ E) $\dfrac{1}{2}$

14. $a, b > 1$

$log_b(log_a \sqrt[b]{a}) = log_a x \Rightarrow x^{-1} = ?$

A) a B) $\dfrac{1}{a}$ C) b D) $\dfrac{1}{b}$ E) $a \cdot b$

15. $\dfrac{2}{3} log(x^2 - y^2)$

$-\dfrac{1}{2}[log(x - y) + log(x + y)] = ?$

A) $log \sqrt{x - y}$ B) $log \sqrt[3]{x^2 + y^2}$

C) $log \sqrt[6]{x^2 + y^2}$

D) $log \sqrt[6]{x^2 - y^2}$ E) $log \sqrt[3]{x^2 - y^2}$

16. $log_{(b+c)} a + log_{(c-b)} a =$

$2 \cdot log_{(c+b)} a \cdot log_{(c-b)} a$

What is the relation between a, b and c?

A) $b^2 = a^2 + c^2$ B) $c^2 = b^2 + a^2$

C) $a^2 = b^2 + c^2$

D) $a^2 = 2b + 2c$ E) $a = b + c$

17. $\log_{\frac{1}{3}}(\sin x) = 2 \implies \cos x = ?$

A) $\dfrac{4\sqrt{5}}{9}$ B) $\dfrac{2\sqrt{5}}{3}$ C) $\dfrac{\sqrt{5}}{9}$

D) $\dfrac{\sqrt{5}}{3}$ E) $\dfrac{2\sqrt{5}}{5}$

18. $x \in Z$

$\log_4(2x - 5) < \log_2 3 \implies \sum x = ?$

A) 10   B) 14   C) 15   D) 18   E) 22

19. $x^{\log x} = \dfrac{x^3}{100} \implies x_1 \cdot x_2 = ?$

A) 10   B) 100   C) 400   D) 900   E) 1000

20. $(\log_4 x)^2 - 7\log_4 x + 12 = 0 \implies \sum x = ?$

A) 64   B) 128   C) 250   D) 256   E) 320

21. $\log x + \log(2x+1) = 0 \Rightarrow x = ?$

A) $\dfrac{1}{2}$ B) 1 C) 2 D) $\dfrac{3}{2}$ E) 3

22. $\ln x = a \Rightarrow \log x^2 = ?$

A) $2a \cdot \log e$ B) $a \cdot \log 2e$

C) $\dfrac{a}{2} \cdot \log e$

D) $2 \cdot \ln a$

E) $\dfrac{2 \ln a}{3}$

Answers					
1. B	2. C	3. E	4. D	5. E	6. C
7. B	8. C	9. C	10. E	11. A	12. C
13. E	14. A	15. D	16. B	17. A	18. D
19. E	20. E	21. A	22. A		

Logarithm

Test 5

1. $\log \dfrac{x^3 y^2}{z^4} = ?$

   A) $\dfrac{7 \log x \cdot \log y}{4 \cdot \log z}$ B) $\dfrac{3xy}{2z}$ C) $\dfrac{\log x^3 - y^2}{\log z^4}$

   D) $3 \log + y^2 - z^4$ E) $3 \log x + 2 \log y - 4 \log z$

2. $\log_2 5 = x$ and $\log_5 2 = y$

   what is the relation between x and y?

   A) $x - y = 1$ B) $x \cdot y = 12$ C) $x \cdot y = 1$

   D) $\dfrac{x}{y} = \dfrac{4}{3}$ E) $x + y = 7$

3. $\dfrac{1}{4} \log a - \dfrac{3}{4} \log b + \log c = ?$

   A) $\log \dfrac{\sqrt[4]{a \cdot c}}{\sqrt[4]{b^3}}$ B) $\log \dfrac{\sqrt[4]{b^2}}{\sqrt[4]{a \cdot c}}$ C) $\log \sqrt[4]{a \cdot c} - b$

   D) $\log \dfrac{a^4 b^3}{c}$ E) $\log \dfrac{a^4 b^3}{\sqrt[4]{ab^3}}$

4. $\log_5 3 = x \Rightarrow \log_{15} 5 = ?$

A) $\dfrac{1}{x}$ B) $\dfrac{1}{x^2}$ C) $\dfrac{x+1}{3}$

D) $\dfrac{1}{x+1}$ E) 1

5. $f(x) = \log_3(3x+2) \Rightarrow f^{-1}(x) = ?$

A) $\dfrac{3^x + 1}{2}$ B) $\dfrac{5^x - 5}{3}$ C) $\dfrac{5^x - 3}{2}$

D) $\dfrac{3^x - 3}{3}$ E) $\dfrac{3^x - 2}{3}$

6. $f(x) = 2^{2x-1} \Rightarrow f^{-1}(x) = ?$

A) $\dfrac{\log_2 x - 1}{2}$ B) $\log_2 x - 1$ C) $\log_2 x - 2$

D) $\dfrac{\log_2 x + 1}{2}$ E) $\dfrac{\log_2 x - 2}{3}$

7. $\log_2 5 = a \Rightarrow \log_5 50 = ?$

A) a B) $\dfrac{a+1}{2}$ C) $\dfrac{a-1}{2}$ D) $\dfrac{a+2}{a}$

E) $\dfrac{1+2a}{a}$

8. $2^{x+1} - 2^x = 32 \quad \Rightarrow \quad (SS) = ?$

A) {3}   B) {5}   C) {6}   D) {7}   E) {16}

9. $\log_4 7 = x \Rightarrow \log_4 28 = ?$

A) $\dfrac{x+1}{x}$ B) $\dfrac{1-x}{x}$ C) $1+x$

D) $\dfrac{1}{1+x}$

E) $1-x$

10. $\log_3(a-2) = 1 \Rightarrow a = ?$

A) 1   B) 2   C) 3   D) 4   E) 5

11. $\log_5 3 = x \Rightarrow \log_{25} 18 = ?$

A) $x+3$ B) $\log_5 2 + x$ C) $\log_5 \sqrt{2} + x$

D) $\log_5 \sqrt{2} - x$ E) $\dfrac{3x+1}{3}$

12. $\log_a 3 + \log_a 4 = \dfrac{1}{2} \Rightarrow a = ?$

A) 81   B) 100   C) 121   D) 144   E) 169

13. $\log_{56} 8 = x$

$\log_{56} 7 = y \Rightarrow \log_{56} 14 = ?$

A) $x^2 + y^3$ B) $x + y$ C) $\dfrac{x + 3y}{3}$

D) $\dfrac{1}{2(x-y)}$

E) $2x - y$

14. $\log(a+3) + \log a = 1 \Rightarrow (SS) = ?$

A) $\{2\}$ B) $\{3\}$ C) $\{4\}$ D) $\left\{\dfrac{1}{2}\right\}$ E) $\left\{\dfrac{1}{3}\right\}$

15. $\log_2 5 \cdot \log_5 3 \cdot \log_3 1 = \log_4(a^2 - 8) \Rightarrow a = ?$

A) ∓ 2 B) ∓ 3 C) ∓ 4 D) 7 E) 8

16. $2^{\log_2 x^2} + x^{\log_2 x} = 16 \Rightarrow x = ?$

A) $\sqrt{2}$ B) $\sqrt{3}$ C) $-\sqrt{2}$ D) $-\sqrt{5}$ E) 3

17. $5^{\log_5(a-2)} + 6^{2\log_6 a} = 10 \Rightarrow (SS) = ?$

A) {3} B) {2} C) {1} D) {−2} E) ∅

18. $\log_3(x-2) + \log_3 6 = 2 \Rightarrow x = ?$

A) $\dfrac{7}{2}$ B) $\dfrac{2}{7}$ C) $\dfrac{3}{4}$ D) 3 E) 7

19. $\ln x = p \Rightarrow \log x^2 = ?$

A) $p \cdot \log 2e$ B) $2p \cdot \log e$ C) $\dfrac{p}{\ln 10}$ D) $p \cdot \ln 2$

E) $2p \cdot \log 2$

20. $\ln(a \cdot b) = 4x, \ln\left(\dfrac{a}{b}\right) = 4y \Rightarrow x = ?$

A) e^{x+y} B) e^x C) e^y D) $e^{4(x+y)}$ E) $e^{2(x+y)}$

21. $a = 64^{\log_2 16} \Rightarrow \log_8 a = ?$

A) 2 B) 4 C) 6 D) 8 E) 16

22. $\begin{cases} \log_3 30 = x \\ \log_8 30 = y \end{cases} \Rightarrow \log_{24} 30 = ?$

A) $\dfrac{x+y}{x \cdot y}$ B) y C) $\dfrac{x \cdot y}{x+y}$ D) $\dfrac{2 \cdot x \cdot y}{x+y}$

E) $\dfrac{2 \cdot (x + y)}{x \cdot y}$

23. $\log_{\frac{2}{3}} (\log_5 x) < 0 \Rightarrow (\mathbf{SS}) = ?$

A) $x > 0$ B) $x < \dfrac{2}{3}$ C) $0 < x < \dfrac{2}{3}$

D) $x > 5$

E) $0 < x < 5$

Answers						
1. E	2. C	3. A	4. D	5. E	6. D
7. E	8. B	9. C	10. E	11. C	12. D
13. C	14. A	15. B	16. A	17. A	18. A
19. B	20. E	21. D	22. A	23. E	

limit

Definition

If f(x) approaches to L as x approaches to a, the limit of f(x) is L and it is shown by.

$$\lim_{x \to a} f(x) = L$$

PROPERTIES

1. $\lim_{x \to a} f(x) = f(a)$

2. $\lim_{x \to x_0} k = k \; (k \in R)$

3. $\lim_{x \to x_0} (f(x) \mp g(x)) = \lim_{x \to x_0} f(x) \mp \lim_{x \to x_0} g(x)$

4. $\lim_{x \to x_0} (f(x) \cdot g(x)) = \lim_{x \to x_0} f(x) \cdot \lim_{x \to x_0} g(x)$

5. $k \in R, \lim_{x \to x_0} [k \cdot f(x)] = k \cdot \lim_{x \to x_0} f(x)$

6. $\lim_{x \to x_0} \dfrac{f(x)}{g(x)} = \dfrac{\lim_{0 \to x_0} f(x)}{\lim_{x \to x_0} g(x)} \left(\lim_{x \to x_0} g(x) \neq 0 \right)$

7. $\lim_{x \to x_0} \left[(f(x))^n \right] = \left[\lim_{x \to x_0} f(x) \right]^n$

8. $\lim_{x \to x_0} \sqrt[n]{f(x)} = \sqrt[n]{\lim_{x \to x_0} f(x)}$

   (f(x) > 0 and n is an odd natural number)

9. $\lim_{x \to x_0} \left[C^{f(x)} \right] = C^{\lim_{x \to x_0} f(x)} \; C \in R$

10. $\lim_{x \to x_0} [\log_a f(x)] = \log_a \left[\lim_{x \to x_0} f(x) \right]$

Example:

$f(x) = x^3 + 2x^2 - 3x + 2 \Rightarrow \lim_{x \to 2} f(x) = ?$

Solution:

$\lim_{x \to 2} f(x) = f(2) = 2^3 + 2 \cdot 2^2 - 3 \cdot 2 + 2$

$\lim_{x \to 2} f(x) = f(2) = 8 + 8 - 6 + 2 = 12$

Example:

$f(x) = \dfrac{x^3 + x + 3}{x^2 + 2} \Rightarrow \lim_{x \to 3} f(x) = ?$

Solution:

$\lim_{x \to 3} f(x) = \lim_{x \to 3} \dfrac{3^3 + 3 + 3}{3^2 + 2} = \lim_{x \to 3} \dfrac{33}{11} = 3$

UNCERTAINITIES

$\dfrac{\infty}{\infty}, \infty - \infty, 0 \cdot \infty, 0^0, \infty^0, 1^\infty$

(Such types of expressions are called uncertainities).

a) $\dfrac{0}{0} \to \lim_{x \to a} \dfrac{f(x)}{g(x)} = \dfrac{0}{0}$

To solve such types of limits, factorise f(x) and g(x),

then simplify some terms.

Example:

$$f(x) = \frac{x^2 - 1}{x^3 - 1} \Rightarrow \lim_{x \to 1} f(x) = ?$$

Solution:

$$\lim_{x \to 1} f(x) = \lim_{x \to 1} \frac{x^2 - 1}{x^3 - 1} = \frac{\lim_{x \to 1}(x^2 - 1)}{\lim_{x \to 1}(x^3 - 1)} = \frac{1 - 1}{1 - 1} = \frac{0}{0}$$

$$\lim_{x \to 1} f(x) = \lim_{x \to 1} \frac{x^2 - 1}{x^3 - 1} = \lim_{x \to 1} \frac{(x - 1)(x + 1)}{(x - 1)(x^2 + x + 1)}$$

$$= \lim_{x \to 1} \frac{x + 1}{x^2 + x + 1} = \frac{1 + 1}{1 + 1 + 1} = \frac{2}{3}$$

Example:

$$f(x) = \frac{\sqrt{x} - 2}{x^3 - 64} \Rightarrow \lim_{x \to 4} f(x) = ?$$

Solution:

$$\lim_{x \to 4} f(x) = \lim_{x \to 4} \frac{\sqrt{x} - 2}{x^3 - 64} = \frac{\sqrt{4} - 2}{4^3 - 64} = \frac{2 - 2}{64 - 64} = \frac{0}{0}$$

$$\lim_{x \to 4} f(x) = \lim_{x \to 4} \frac{(\sqrt{x} - 2)(\sqrt{x} + 2)}{(x - 4)(x^2 + 4x + 16)(\sqrt{x} + 2)}$$

$$= \lim_{x \to 4} \frac{x - 4}{(x - 4)(x^2 + 4x + 16)(\sqrt{x} + 2)}$$

$$= \lim_{x \to 4} \frac{1}{(x^2 + 4x + 16)(\sqrt{x} + 2)}$$

$$= \frac{1}{(16+16+16)\cdot(2+2)} = \frac{1}{48\cdot 4} = \frac{1}{192}$$

b) $\frac{\infty}{\infty} \to \lim_{x\to\pm\infty} \frac{a_n x^n + a_{n-1}x^{n-1} + \ldots a_1 x_1 + a_0}{b_m x^m + b_{m-1}x^{m-1} + \ldots + b_1 x + b_0}$

$n > m \Rightarrow \text{limit} = \pm\infty$

$n = m \Rightarrow \text{limit} = \frac{a_n}{b_m}$

$n < m \Rightarrow \text{limit} = 0$

Example:

$f(x) = \frac{3x^2 + 4x - 5}{6x^2 + x + 3} \Rightarrow \lim_{x\to\infty} f(x) = ?$

Solution:

$\lim_{x\to\infty} f(x) = \lim_{x\to\infty} \frac{3x^2 + 4x - 5}{6x^2 + x + 3} = \frac{\infty + \infty - 5}{\infty + \infty + 3} = \frac{\infty}{\infty}$

$\lim_{x\to\infty} f(x) = \lim_{x\to\infty} \frac{x^2\left(3 + \frac{4}{x} - \frac{5}{x^2}\right)}{x^2\left(6 + \frac{1}{x} + \frac{3}{x^2}\right)}$

$\lim_{x\to\infty} \frac{3 + 0 - 0}{6 + 0 + 0} = \frac{3}{6} = \frac{1}{2}$

c) $\infty - \infty$ and $0 \cdot \infty$

To solve these types of limits, $\infty - \infty$ and $0 \cdot \infty$ uncertainities have to be converted into $\frac{\infty}{\infty}$ or $\frac{0}{0}$ types.

Then apply the rule expressed in a and b.

Example:

$$f(x) = 2\sqrt{x^2+1} - \sqrt{4x^2+2x+3} \Rightarrow \lim_{x\to\infty} f(x) = ?$$

Solution:

$$\lim_{x\to\infty} \frac{(2\sqrt{x^2+1} - \sqrt{4x^2+2x+3})(2\sqrt{x^2+1} + \sqrt{4x^2-2x+3})}{2\sqrt{x^2+1} + \sqrt{4x^2+2x+3}}$$

$$= \lim_{x\to\infty} \frac{4x^2+4-4x^2-2x-3}{x\left(2\sqrt{1+\frac{1}{x^2}} + \sqrt{4+\frac{2}{x}+\frac{3}{x^2}}\right)} = \lim_{x\to\infty} \frac{x\left(-2+\frac{1}{x}\right)}{x(2+2)} = -\frac{1}{2}$$

d) 1^∞ Uncertainities

Example:

$$f(x) = \left(1 + \frac{3x}{x^2+2}\right)^{2x} = ?$$

Solution:

$$\lim_{x\to\infty} f(x) = \lim_{x\to\infty}\left(1 + \frac{3}{x+\frac{2}{x}}\right)^{2x}$$

$$= \lim_{x\to\infty}(1+0)^\infty = 1^\infty$$

$$u(x) = \frac{3x}{x^2+2}$$

$$\lim_{x\to\infty} u(x) = \lim_{x\to\infty} \frac{3x}{x^2+2} = 0$$

$$\vartheta(x) = 2x$$

$$\lim_{x\to\infty} \vartheta(x) = \infty$$

$$u(x) \cdot \vartheta(x) = \frac{6x^2}{x^2 + 2}$$

$$\lim_{x \to \infty}[(u(x) \cdot \vartheta(x))] = \lim_{x \to \infty} \frac{6x^2}{x^2 + 2} = 6$$

$$\lim_{x \to \infty} f(x) = \lim_{x \to \infty}\left(1 + \frac{3x}{x^2 + 2}\right)^{2x} = e^6$$

Example:

$$f(x) = \left(e^{2/x} + \frac{2}{x}\right)^x \Rightarrow \lim_{x \to \infty} f(x) = ?$$

Solution:

$$\lim_{x \to \infty} f(x) = \lim_{x \to \infty}\left(e^{2/x} + \frac{2}{x}\right)^x$$

$$= \lim_{x \to \infty}\left(e^{2/\infty} + \frac{2}{\infty}\right)^\infty = (e^0 + 0)^\infty = 1^\infty$$

$$y = \left(e^{2/x} + \frac{2}{x}\right)^x \Rightarrow \ln y = x \cdot \ln\left(e^{2/x} + \frac{2}{x}\right)$$

$$\lim_{x \to \infty} \frac{\ln\left(e^{2/x} + \frac{2}{x}\right)}{\frac{1}{x}} = \lim_{x \to \infty} \frac{-\frac{2}{x^2} e^{2/x} - \frac{2}{x^2}}{-\frac{1}{x^2}} = 2(e^0 + 1) = 4$$

$$\ln y = 4 \Rightarrow \lim_{x \to \infty} y = e^4$$

LIMITS OF TRIGONOMETRIC FUNCTIONS

1. $\lim_{x \to a} f(x) = f(a) = \sin a$

2. $\lim_{x \to a} g(x) = g(a) = \cos a$

2. $\lim\limits_{x \to 0} \dfrac{\sin x}{x} = 1$

3. $\lim\limits_{x \to 0} \dfrac{\sin ax}{bx} = \dfrac{a}{b}$

4. $\lim\limits_{x \to 0} \dfrac{\tan x}{x} = 1$

Example:

$f(x) = \dfrac{\sin 5x}{x} = ?$

Solution:

$\lim\limits_{x \to 0} f(x) = \lim\limits_{x \to 0} \dfrac{5 \cdot \sin 5x}{5x}$

$\qquad\qquad = 5 \lim\limits_{x \to 0} \dfrac{\sin 5x}{5x}$

$\lim\limits_{x \to 0} f(x) = 5 \lim\limits_{u \to 0} \dfrac{\sin u}{u} = 5 \cdot 1 = 5$

Example:

$\lim\limits_{x \to 0} \dfrac{1 - \cos 2x}{4x^2} = ?$

Solution:

$\lim\limits_{x \to 0} \dfrac{1 - \cos 2x}{4x^2} = \lim\limits_{x \to 0} \dfrac{1 - \cos 0}{4 \cdot 0} = \dfrac{1 - 1}{0} = \dfrac{0}{0}$

$\lim\limits_{x \to 0} \dfrac{1 - \cos 2x}{4x^2} = \lim\limits_{x \to 0} \dfrac{1 - (1 - 2\sin^2 x)}{4 \cdot x^2}$

$\lim\limits_{x \to 0} \dfrac{1 - \cos 2x}{4x^2} = \lim\limits_{x \to 0} \dfrac{2\sin^2 x}{4x^2}$

$$= \frac{1}{2} \lim_{x \to 0} \left(\frac{\sin x}{x}\right)^2 = \frac{1}{2}$$

Example:

$$f(x) = \frac{\sin 4x \cdot \tan 2x}{1 - \cos 2x} \Rightarrow \lim_{x \to 0} f(x) = ?$$

Solution:

$$\lim_{x \to 0} f(x) = \lim_{x \to 0} \frac{\sin 4x \cdot \tan 2x}{1 - \cos 2x}$$

$$= \lim_{x \to 0} \frac{\sin 0 \cdot \tan 0}{1 - \cos 0}$$

$$= \frac{0 \cdot 0}{1 - 1} = \frac{0}{0}$$

$$\lim_{x \to 0} f(x) = \lim_{x \to 0} \frac{2 \cdot \sin 2x \cdot \cos 2x \cdot \frac{\sin 2x}{\cos 2x}}{1 - (1 - 2\sin^2 x)}$$

$$= \lim_{x \to 0} \frac{2 \sin^2 2x}{2 \sin^2 x}$$

$$= \lim_{x \to 0} \frac{2 \cdot 4 \sin^2 x \cdot \cos^2 x}{2 \sin^2 x}$$

$$= \lim_{x \to 0} 4 \cos^2 x = 4 \cdot \cos 0$$

$$= 4 \cdot 1 = 4$$

Example:

$$\lim_{x \to \pi} \frac{\cos 2x - 1}{\sin^2 x} = ?$$

Solution:

$$\lim_{x \to \pi} \frac{\cos 2x - 1}{\sin^2 x} = \lim_{x \to \pi} \frac{\cos 2\pi - 1}{\sin^2 \pi}$$

$$= \frac{1-1}{0} = \frac{0}{0}$$

$$\lim_{x \to \pi} \frac{\cos 2x - 1}{\sin^2 x} = \lim_{x \to \pi} \frac{1 - 2\sin^2 x - 1}{\sin^2 x}$$

$$= \lim_{x \to \pi} \frac{-2\sin^2 x}{\sin^2 x} = -2$$

TEST WITH SOLUTIONS

1. $\lim\limits_{x \to -1} \dfrac{x^3 + 5x^2 - 2x}{3x^4 - 2x^3 - 4x^2 + 1} = ?$

A) 1   B) 2   C) 3   D) 4   E) 5

Solution:

$$\lim_{x \to (-1)} \frac{x^3 + 5x^2 - 2x}{3x^4 - 2x^3 - 4x^2 + 1}$$

$$= \frac{(-1)^3 + 5 \cdot (-1)^2 - 2 \cdot (-1)}{3 \cdot (-1)^4 - 2 \cdot (-1)^3 - 4 \cdot (-1)^2 + 1}$$

$$= \frac{-1 + 5 + 2}{3 + 2 - 4 + 1}$$

$$= \frac{6}{2}$$

$$= 3$$

Correct Answer : C

2. $\lim\limits_{x \to 3} \dfrac{x^2 - 9}{x - 3} = ?$

A) 0   B) 3   C) 5   D) 6   E) 9

Solution:

$$\lim_{x \to 3} \frac{3^2 - 9}{3 - 3} = \frac{0}{0}$$

$$\lim_{x \to 3} \frac{x^2 - 9}{x - 3} = \lim_{x \to 3} \frac{(x-3)(x+3)}{x-3}$$

$$= 3 + 3$$

$$= 6$$

Correct Answer : D

3. $\lim_{x \to -3} \dfrac{x^3 + 8}{x + 2} = ?$

A) 15   B) 19   C) 21   D) 27   E) 30

Solution:

$$\lim_{x \to -3} \frac{x^3 + 8}{x + 2} = \frac{(-3)^3 + 8}{-3 + 2}$$

$$= \frac{-27 + 8}{-1}$$

$$= \frac{-19}{-1}$$

$$= 19$$

Correct Answer : B

4. $\lim_{x \to 3} \dfrac{\cos x - \sin 3°}{\sin x - \cos 3°} = ?$

A) – 2   B) – 1   C) 0   D) 1   E) 2

Solution:

$$\lim_{x \to 3} \frac{\cos x - \sin 3°}{\sin x - \cos 3°} = \frac{\cos 3° - \sin 3°}{\sin 3° - \cos 3°}$$

$$= -1$$

Correct Answer: B

5. $\lim\limits_{x \to \frac{\pi}{6}} \dfrac{\cot x - 2\cos x}{\sin x + \tan x} = ?$

A) -2 B) -1 C) 0 D) 1 E) 2

Solution:

$$\lim_{x \to \frac{\pi}{6}} \frac{\cot x - 2\cos x}{\sin x + \tan x} = \frac{\cot \frac{\pi}{6} - 2\cos \frac{\pi}{6}}{\sin \frac{\pi}{6} + \tan \frac{\pi}{6}}$$

$$= \frac{\sqrt{3} - 2 \cdot \frac{\sqrt{3}}{2}}{\frac{1}{2} + \frac{\sqrt{3}}{3}}$$

$$= \frac{\sqrt{3} - \sqrt{3}}{\frac{3 + 2\sqrt{3}}{6}}$$

$$= 0$$

Correct Answer: C

6. $\lim\limits_{x \to 2} \dfrac{x^3 - 2x - 4}{x^3 - 8} = ?$

A) 1 B) $\dfrac{3}{2}$ C) 2 D) $\dfrac{5}{6}$ E) $\dfrac{6}{5}$

Solution:

$$\lim_{x \to 2} \frac{x^3 - 2x - 4}{x^3 - 8} = \frac{8 - 4 - 4}{8 - 8} = \frac{0}{0}$$

$$\lim_{x \to 2} \frac{x^3 - 2x - 4}{x^3 - 8} = \lim_{x \to 2} \frac{(x - 2)(x^2 + 2x + 2)}{(x - 2)(x^2 + 2x + 4)}$$

$$= \frac{2^2 + 2 \cdot 2 + 2}{2^2 + 2 \cdot 2 + 4}$$

$$= \frac{10}{12}$$

$$= \frac{5}{6}$$

Correct Answer: D

7. $\lim\limits_{x \to 0} \dfrac{\sin 3x}{x} = ?$

A) -3 B) -1 C) 0 D) 1 E) 3

Solution:

$$\lim_{x \to 0} \frac{\sin 3x}{x} = 3 \cdot \lim_{(3x) \to 0} \frac{\sin 3x}{3x} = 3$$

Correct Answer : E

8. $\lim\limits_{x \to 1} \dfrac{\sin(x-1)}{x^2 - 1} = ?$

A) $\dfrac{1}{2}$ B) 1 C) $\dfrac{3}{2}$ D) 2 E) $\dfrac{5}{2}$

Solution:

$$\lim_{x \to 1} \frac{\sin(x-1)}{x^2 - 1} = \frac{\sin 0}{0} = \frac{0}{0}$$

$$\lim_{x \to 1} \frac{\sin(x-1)}{x^2 - 1} = \lim_{x \to 1} \frac{\sin(x-1)}{(x-1)(x+1)}$$

$$= \lim_{x \to 1} \frac{\sin(x-1)}{x-1} \cdot \lim_{x \to 1} \frac{1}{x+1}$$

$x - 1 = t$

$x \to 1 \Rightarrow t \to 0 \quad = \lim\limits_{t \to 0} \dfrac{\sin t}{t} \cdot \lim\limits_{t \to 0} \dfrac{1}{t+2}$

$$= 1 \cdot \frac{1}{2} = \frac{1}{2}$$

Correct Answer: A

9. $\lim\limits_{x \to 1} \dfrac{\sqrt{x} - 1}{x - 1} = ?$

A) 1   B) $\dfrac{1}{2}$ C) $\dfrac{3}{2}$ D) 4   E) $\dfrac{5}{2}$

Solution:

$$\lim_{x \to 1} \frac{\sqrt{x} - 1}{x - 1} = \frac{\sqrt{1} - 1}{1 - 1} = \frac{0}{0}$$

$$\lim_{x \to 1} \frac{\sqrt{x} - 1}{x - 1} = \lim_{x \to 1} \frac{\sqrt{x} - 1}{(\sqrt{x} - 1)(\sqrt{x} + 1)}$$

$$= \lim_{x \to 1} \frac{1}{\sqrt{x} + 1}$$

$$= \frac{1}{1 + 1} = \frac{1}{2}$$

Correct Answer: B

10. $\lim\limits_{x \to a} \dfrac{x^3 - a^3}{x - a} = ?$

A) 3a   B) a^2 C) $3a^2$ D) $5a^2$ E) $6a^2$

Solution:

$$\lim_{x \to a} \frac{x^3 - a^3}{x - a} = \frac{a^3 - a^3}{a - a} = \frac{0}{0}$$

$$\lim_{x \to a} \frac{x^3 - a^3}{x - a} = \lim_{x \to a} \frac{(x - a)(x^2 + ax + a^2)}{x - a}$$

$$= \lim_{x \to a}(x^2 + ax + a)$$

$$= a^2 + a \cdot a + a^2$$

$$= 3a^2$$

Correct Answer: C

11. $\lim\limits_{x \to 0} \dfrac{\sin 2x}{\sin 5x} = ?$

A) $-\dfrac{5}{2}$ B) $-\dfrac{2}{5}$ C) $\dfrac{1}{5}$ D) $\dfrac{2}{5}$ E) $\dfrac{5}{2}$

Solution:

$$\lim_{x \to 0} \frac{\sin 2x}{\sin 5x} = \lim_{x \to 0} \frac{2x \cdot \dfrac{\sin 2x}{2x}}{5x \cdot \dfrac{\sin 5x}{5x}}$$

$$= \lim_{x \to 0} \frac{2x}{5x} \cdot \frac{\lim\limits_{2x \to 0} \dfrac{\sin 2x}{2x}}{\lim\limits_{5x \to 0} \dfrac{\sin 5x}{5x}}$$

$$= \frac{2}{5} \cdot \frac{1}{1}$$

$$= \frac{2}{5}$$

Correct Answer: D

12. $\lim\limits_{x \to 2} \dfrac{\sin(x^2 - 4)}{x - 2} = ?$

A) -4 B) -2 C) 0 D) 2 E) 4

Solution:

$$\lim_{x \to 2} \frac{\sin(x^2 - 4)}{x - 2} = \frac{0}{0}$$

$$\lim_{x \to 2} \frac{(x + 2) \sin(x^2 - 4)}{x^2 - 4} =$$

$$x^2 - 4 = t \implies \lim_{x \to 2}(x^2 - t) = 0$$

$$= \lim_{x \to 2}(x+2) \cdot \lim_{t \to 0} \frac{\sin t}{t}$$

$$= 4 \cdot 1 = 4$$

Correct Answer: E

13. $\lim\limits_{x \to \infty} 5^{2/x} = ?$

A) -2 B) -1 C) 0 D) 1 E) 2

Solution:

$$\lim_{x \to \infty} 5^{2/x} = 5^{2/\infty}$$

$$= 5^0$$

$$= 1$$

Correct Answer: D

14. $\lim\limits_{x \to 2} \dfrac{x^2 + x - 6}{x^2 - 4} = ?$

A) $\dfrac{5}{4}$ B) 1 C) $\dfrac{5}{6}$ D) $\dfrac{5}{8}$ E) $\dfrac{1}{2}$

Solution:

$$\lim_{x \to 2} \frac{x^2 + x - 6}{x^2 - 4} = \frac{4 + 2 - 6}{4 - 4} = \frac{0}{0}$$

$$\lim_{x \to 2} \frac{x^2 + x - 6}{x^2 - 4} = \lim_{x \to 2} \frac{(x+3)(x-2)}{(x-2)(x+2)}$$

$$= \frac{2 + 3}{2 + 2}$$

$$= \frac{5}{4}$$

Correct Answer : A

15. $\lim\limits_{x\to 2}\dfrac{\sqrt{x+2}-2}{x-2} = ?$

A) $\dfrac{1}{8}$ B) $\dfrac{1}{4}$ C) $\dfrac{1}{2}$ D) 1   E) 2

Solution:

$\lim\limits_{x\to 2}\dfrac{\sqrt{x+2}-2}{x-2} = \dfrac{\sqrt{4}-2}{2-1} = \dfrac{0}{0}$

$= \lim\limits_{x\to 2}\dfrac{\sqrt{x+2}-2}{x-2}$

$= \lim\limits_{x\to 2}\dfrac{(\sqrt{x+2}-2)(\sqrt{x+2}+2)}{(x-2)(\sqrt{x+2}+2)}$

$= \lim\limits_{x\to 2}\dfrac{x-2}{(x-2)(\sqrt{x+2}+2)}$

$= \dfrac{1}{\sqrt{2+2}+2}$

$= \dfrac{1}{4}$

Correct Answer: B

16. $\lim\limits_{x\to\infty}\dfrac{x^3-3}{3x^3+2x+1} = ?$

A) $-\dfrac{1}{3}$ B) $-\dfrac{1}{2}$ C) $\dfrac{1}{3}$ D) $\dfrac{1}{2}$ E) 1

Solution:

$\lim\limits_{x\to\infty}\dfrac{x^3-3}{3x^3+2x+1} = \lim\limits_{x\to\infty}\dfrac{x^3\cdot\left(1-\dfrac{2}{x^2}+\dfrac{5}{x^3}\right)}{x^3\cdot\left(3+\dfrac{1}{x^2}-\dfrac{2}{x^3}\right)}$

$$= \frac{1 - \frac{2}{\infty^2} + \frac{5}{\infty^3}}{3 + \frac{1}{\infty^2} + \frac{2}{\infty^3}}$$

$$= \frac{1 - 0 + 0}{3 + 0 - 0}$$

$$= \frac{1}{3}$$

Correct Answer: C

17. $\lim\limits_{x \to \frac{\pi}{3}} \dfrac{3x - \pi}{\cos \frac{9x}{2}} = ?$

A) $\dfrac{1}{6}$ B) $\dfrac{1}{3}$ C) $\dfrac{2}{3}$ D) 1   E) $\dfrac{4}{3}$

Solution:

$$\lim_{x \to \frac{\pi}{3}} \frac{3x - \pi}{\cos \frac{9x}{2}} = \frac{0}{0} \left(\lim_{x \to \frac{\pi}{3}} \frac{9x - 3\pi}{2} = 0 \right)$$

$$\lim_{x \to \frac{\pi}{3}} \frac{3x - \pi}{\cos \frac{9x}{2}} = \frac{3x - \pi}{-\sin \left(\frac{3\pi}{2} - \frac{9\pi}{2} \right)}$$

$$= \lim_{x \to \frac{\pi}{3}} \frac{\frac{9x - 3\pi}{2}}{\frac{3}{2} \sin \left(\frac{9x - 3\pi}{2} \right)}$$

$$= \frac{1}{\frac{3}{2}} \cdot 1$$

$$= \frac{2}{3}$$

Correct Answer: C

18. $\lim\limits_{x \to \infty} \dfrac{x^2 - 3}{x^3 + 2x + 1} = ?$

A) 3   B) 2   C) 1   D) 0   E) −1

Solution:

$$\lim_{x \to \infty} \dfrac{x^2 - 3}{x^3 + 2x + 1} = \lim_{x \to \infty} \dfrac{x^2 \cdot \left(1 - \dfrac{3}{x^2}\right)}{x^2 \cdot \left(x + \dfrac{2}{x} + \dfrac{1}{x^2}\right)}$$

$$= \dfrac{1 - \dfrac{3}{\infty^2}}{\infty + \dfrac{2}{\infty} + \dfrac{1}{\infty^2}}$$

$$= \dfrac{1 - 0}{\infty + 0 + 0}$$

$$= \dfrac{1}{\infty}$$

$$= 0$$

Correct Answer: D

19. $\lim\limits_{x \to \infty} \dfrac{x^5 - x^4 + 1}{x^3 + 2x} = ?$

A) $-\infty$ B) $-\dfrac{5}{3}$ C) 0   D) $\dfrac{5}{3}$ E) ∞

Solution:

$$\lim_{x \to \infty} \dfrac{x^5 - x^4 + 1}{x^3 + 2x} = \lim_{x \to \infty} \dfrac{x^3 \cdot \left(x^2 - x + \dfrac{1}{x^3}\right)}{x^3 \cdot \left(1 + \dfrac{2}{x^2}\right)}$$

$$= \dfrac{\infty^2 - \infty + \dfrac{1}{\infty^3}}{1 + \dfrac{2}{\infty^2}}$$

$$= \infty$$

Correct Answer: E

20. $\lim\limits_{x \to -1} \dfrac{\sin \pi x}{x+1} = ?$

A) $-\pi$ B) $-\dfrac{\pi}{2}$ C) 0 D) $\dfrac{\pi}{2}$ E) π

Solution:

$\lim\limits_{x \to -1} \dfrac{\sin(\pi x)}{x+1} = \dfrac{0}{0}$

$x + 1 = t$

$x = t - 1$

$x \to -1 \Rightarrow t \to 0$

$\lim\limits_{t \to 0} \dfrac{-\sin(\pi - \pi t)}{t} = \lim\limits_{t \to 0} \dfrac{-\pi \sin \pi t}{\pi t} = -\pi$

Correct Answer: A

21. $\lim\limits_{x \to \pi} \dfrac{1 + \cos x}{1 - \sin \frac{x}{2}} = ?$

A) 2 B) 3 C) 4 D) $\dfrac{3}{4}$ E) $\dfrac{9}{2}$

Solution:

$\lim\limits_{x \to \pi} \dfrac{1 + \cos x}{1 - \sin \frac{x}{2}} = \dfrac{1 + \cos \pi}{1 - \sin \frac{\pi}{2}} = \dfrac{0}{0}$

$\lim\limits_{x \to \pi} \dfrac{1 + \cos x}{1 - \sin \frac{x}{2}} = \lim\limits_{x \to \pi} \dfrac{-\sin x}{-\frac{1}{2} \cos \frac{x}{2}}$

$\lim\limits_{x \to \pi} \dfrac{-\cos x}{\frac{1}{4} \sin \frac{x}{2}} = \dfrac{-\cos \pi}{\frac{1}{4} \sin \frac{\pi}{2}}$

131

$$= \frac{-(-1)}{\frac{1}{4} \cdot 1} = 4$$

Correct Answer: C

QUESTIONS

1. $\lim\limits_{x \to 3} \dfrac{x^2 - 6x + 9}{x^2 - 8x + 15} = ?$

   A) $-\dfrac{9}{13}$ B) 0   C) 1   D) $\dfrac{9}{13}$ E) $\dfrac{3}{5}$

Solution:

$$\lim_{x \to 3} \frac{x^2 - 6x + 9}{x^2 - 8x + 15} = \lim_{x \to 3} \frac{(x-3)(x-3)}{(x-3)(x-5)} = \frac{3-3}{3-5} = 0$$

Correct Answer: B

2. $\lim\limits_{x \to a} \dfrac{x^3 - a^3}{x^2 - a^2} = ?$

   A) $\dfrac{3a}{2}$ B) a C) $\dfrac{3}{2}$ D) 1   E) 0

Solution:

$$\lim_{x \to a} \frac{x^3 - a^3}{x^2 - a^2} = \lim_{x \to a} \frac{(x-a) \cdot (x^2 + ax + a^2)}{(x-a) \cdot (x+a)}$$

$$= \frac{a^2 + a^2 + a^2}{a + a} = \frac{3a^2}{2a} = \frac{3a}{2}$$

Correct Answer: A

3. $\lim\limits_{x \to 0} \dfrac{x^2 + 2 \cdot \sin x}{\dfrac{1}{2} \cdot (e^x - e^{x^2})} = ?$

A) 2   B) 3   C) 4   D) $\dfrac{3}{4}$ E) $\dfrac{5}{2}$

Solution:

$$\lim_{x \to 0} \dfrac{x^2 + 2 \cdot \sin x}{\dfrac{1}{2} \cdot (e^x - e^{x^2})} = \dfrac{0}{0}$$

$$\lim_{x \to 0} \dfrac{2x + 2 \cdot \cos x}{\dfrac{1}{2} \cdot (e^x - e^{x^2} \cdot 2x)} = \dfrac{2}{\dfrac{1}{2}} = 4$$

Correct Answer: C

4. $\lim\limits_{x \to \frac{\pi}{2}} \dfrac{\pi - 2x}{\sin 8x} = ?$

A) $-\dfrac{1}{2}$ B) $-\dfrac{1}{4}$ C) 0   D) 1   E) $\dfrac{1}{2}$

Solution:

$$\lim_{x \to \frac{\pi}{2}} \dfrac{\pi - 2x}{\sin 8x} = \dfrac{0}{0}$$

$$\Rightarrow \lim_{x \to \frac{\pi}{2}} \dfrac{\pi - 2x}{\sin 8x} = \lim_{x \to \frac{\pi}{2}} \dfrac{-2}{\cos 8x \cdot 8}$$

$$= \dfrac{-2}{(\cos 4\pi) \cdot 8} = -\dfrac{2}{8} = -\dfrac{1}{4}$$

Correct Answer: B

5. $\lim\limits_{x \to -1} \dfrac{x^{15}+1}{x^6-1} = ?$

A) -8 B) 3 C) $\dfrac{5}{2}$ D) $-\dfrac{3}{2}$ D) $-\dfrac{5}{2}$

Solution:

$$\lim_{x \to -1} \frac{x^{15}+1}{x^6-1} = \frac{(-1)^{15}+1}{(-1)^6-1} = \frac{0}{0}$$

$$= \lim_{x \to -1} \frac{15x^{14}}{6x^5} = \frac{15 \cdot (-1)^{14}}{6 \cdot (-1)^5} = -\frac{5}{2}$$

Correct Answer: E

6. $\lim\limits_{x \to -1} \dfrac{x^{36}-1}{2x^9+2} = ?$

A) $-\dfrac{1}{2}$ B) -4 C) -2 D) 2 E) 4

Solution:

$$\lim_{x \to -1} \frac{x^{36}-1}{2x^9+2} = \frac{1-1}{-2+2} = \frac{0}{0}$$

$$\lim_{x \to -1} \frac{x^{36}-1}{2x^9+2} = \lim_{x \to -1} \frac{(x^{18})^2 - 1^2}{2 \cdot (x^9+1)}$$

$$= \lim_{x \to -1} \frac{(x^{18}-1)(x^{18}+1)}{2 \cdot (x^9+1)}$$

$$= \lim_{x \to -1} \frac{(x^9-1)(x^9+1)(x^{18}+1)}{2 \cdot (x^9+1)}$$

$$= -2$$

Correct Answer: C

7. $\lim\limits_{x \to a} \dfrac{x^2 - a^2}{x^2 - x - ax + a} = ?$

A) $2a^2$ B) $2a$ C) a D) $\dfrac{3}{2}a$ E) $\dfrac{2a}{a-1}$

Solution:

$\lim\limits_{x \to a} \dfrac{(x-a)(x+a)}{(x-a)(x-1)} = \dfrac{2a}{a-1}$

Correct Answer: E

8. $\lim\limits_{x \to 0} \left(\dfrac{\tan^2 3x}{25x^2}\right) = ?$

A) $\dfrac{3}{25}$ B) $\dfrac{6}{25}$ C) $\dfrac{9}{25}$ D) 6 E) 9

Solution:

$\lim\limits_{x \to 0} \left[\dfrac{\tan 3x}{3x} \cdot \dfrac{\tan 3x}{3x} \cdot \dfrac{9}{25}\right]$

$= \dfrac{9}{25} \lim\limits_{x \to 0} \dfrac{\tan 3x}{3x} \cdot \lim\limits_{x \to 0} \dfrac{\tan 3x}{3x} = \dfrac{9}{25}$

Correct Answer: C

9. $\lim\limits_{x \to -\infty} (5^{3/x} + 4^x + 3) = ?$

A) 0 B) 1 C) 2 D) 3 E) 4

Solution:

$\lim\limits_{x \to -\infty} (5^{3/x} + 4^x + 3) = 5^{3/-\infty} + 4^{-\infty} + 3$

$$= 5^0 + \frac{1}{4^\infty} + 3 = 4 + \frac{1}{\infty} = 4$$

Correct Answer: E

10. $\lim\limits_{x \to \frac{1}{3}} \left(\dfrac{x^3 - \frac{1}{27}}{x^2 - \frac{1}{9}} \right) = ?$

A) $\dfrac{1}{2}$ B) $\dfrac{3}{2}$ C) $\dfrac{5}{2}$ D) 2   E) 3

Solution:

$$\lim_{x \to \frac{1}{3}} \frac{\left(x - \frac{1}{3}\right)\left(x^2 + \frac{x}{3} + \frac{1}{9}\right)}{\left(x - \frac{1}{3}\right)\left(x + \frac{1}{3}\right)}$$

$$= \frac{\left(\frac{1}{3}\right)^2 + \frac{1}{9} + \frac{1}{9}}{\frac{1}{3} + \frac{1}{3}} = \frac{\frac{1}{3}}{\frac{2}{3}} = \frac{1}{2}$$

Correct Answer: A

11. $\lim\limits_{x \to \infty} \dfrac{x^2 - x + 3}{-x^5 + x^2} = ?$

A) 0   B) 1   C) $\dfrac{1}{3}$ D) $\dfrac{1}{5}$ E) ∞

Solution:

$$\lim_{x \to \infty} \frac{x^2 - x + 3}{-x^5 + x^2} = \frac{\infty - \infty}{-\infty + \infty}$$

$$\lim_{x \to \infty} \frac{x^2 - x + 3}{-x^5 + x^2} = \lim_{x \to \infty} \frac{x^2\left(1 - \frac{1}{x} + \frac{3}{x^2}\right)}{x^2(1 - x^3)}$$

$$\lim_{x \to \infty} \frac{1 - 0 + 0}{1 - \infty} = \frac{1}{-\infty} = 0$$

Correct Answer: A

12. $\lim\limits_{x \to 1} \dfrac{2x^3 + x^2 - 1}{x^3 + 3} = ?$

A) $\dfrac{1}{2}$ B) $\dfrac{3}{2}$ C) 2   D) 3   E) 4

Solution:

$$\lim_{x \to 1} \frac{2x^3 + x^2 - 1}{x^3 + 3} = \frac{2 \cdot 1^3 + 1^2 - 1}{1^3 + 3}$$

$$= \frac{2}{4}$$

$$= \frac{1}{2}$$

Correct Answer: A

13. $\lim\limits_{x \to 0} \dfrac{\pi \sin \frac{\pi x}{6}}{3x \cos \frac{\pi x}{3}} = ?$

A) $\dfrac{\pi}{9}$ B) $\dfrac{\pi}{19}$ C) $\dfrac{\pi^2}{18}$ D) 2π E) $3\pi + 1$

Solution:

$$\lim_{x \to 1} \frac{\pi \sin \frac{\pi x}{6}}{3x \cos \frac{\pi x}{3}} = \pi \cdot \lim_{x \to 0} \frac{\sin \frac{\pi x}{6}}{3x} \cdot \lim_{x \to 1} \frac{1}{\cos \frac{\pi x}{3}}$$

$$= \pi \cdot \frac{\frac{\pi}{6}}{3} \cdot 1$$

$$= \frac{\pi^2}{18}$$

Correct Answer: C

Chapter

Limit

Test 1

1. $\lim\limits_{x \to \frac{1}{2}} \dfrac{x^3 - \dfrac{1}{8}}{x^2 - \dfrac{1}{4}} = ?$

A) $-\dfrac{4}{3}$ B) $-\dfrac{3}{4}$ C) $\dfrac{1}{8}$ D) $\dfrac{1}{2}$ E) $\dfrac{3}{4}$

2. $\lim\limits_{x \to 1} \left(\dfrac{1}{1-x} - \dfrac{3}{x-x^3} \right) = ?$

A) $-\infty$ B) -1 C) 0 D) $\dfrac{1}{2}$ E) 1

3. $\lim\limits_{x \to 2} \dfrac{x^2 - 2x + 4}{x^2 - 5x + 6} = ?$

A) $\dfrac{2}{3}$ B) 1 C) 4 D) 6 E) ∞

4. $\lim\limits_{x \to 1} \dfrac{x^2 + x - 2}{x - 1} = ?$

A) -1 B) 0 C) 1 D) 2 E) 3

5. $\lim\limits_{x \to 0} \dfrac{x \cdot \sin 2x}{\sin^2 x} = ?$

A) $-\infty$ B) 0 C) 1 D) 2 E) 3

6. $\lim\limits_{x\to\infty}\left(\dfrac{5x^2}{1-x^2}+2^{\frac{1}{x}}\right)$

A) -4 B) -3 C) 3 D) 4 E) 8

7. $\lim\limits_{x\to\infty}\left(\dfrac{x^3}{x^2+1}-x\right)=?$

A) -1 B) 0 C) $\dfrac{2}{3}$ D) 1 E) ∞

8. $\lim\limits_{x\to\frac{\pi}{4}}\dfrac{\cos x-\sin x}{\cos 2x}=?$

A) $-\dfrac{\sqrt{2}}{2}$ B) -1 C) $\dfrac{\sqrt{2}}{2}$ D) $\dfrac{\sqrt{3}}{2}$ E) 1

9. $\lim\limits_{x\to 1}\dfrac{\sqrt{x}-1}{\sqrt[3]{x}-1}=?$

A) 3 B) 2 C) $\dfrac{3}{2}$ D) $\dfrac{2}{3}$ E) $\dfrac{1}{2}$

10. $\lim\limits_{a\to x}\dfrac{a^6-x^6}{x^2-a^2}=?$

A) $-3x^4$ B) $-3x^2$ C) $-3x$ D) $3a^2$ E) $3a^3$

11. $\lim\limits_{x\to 1}\dfrac{x-\sqrt{x}}{1-\sqrt{x}}=?$

A) -2 B) -1 C) 0 D) 1 E) 2

12. $\lim\limits_{x \to 6} \dfrac{5 - \sqrt{4x+1}}{6-x} = ?$

A) $-\dfrac{2}{5}$ B) $-\dfrac{3}{10}$ C) $\dfrac{3}{10}$ D) $\dfrac{2}{5}$ E) 1

13. $\lim\limits_{x \to a} \dfrac{\sin(x-a)}{x^2 - a^2} = ?$

A) $\dfrac{1}{4a^2}$ B) $\dfrac{1}{3a}$ C) $\dfrac{1}{2a}$ D) a E) $2a$

14. $\lim\limits_{x \to 0} \dfrac{\sin^2 x}{1 - \cos x} = ?$

A) -1 B) $-\dfrac{1}{2}$ C) $\dfrac{1}{2}$ D) 1 E) 2

15. $\lim\limits_{x \to -3} \dfrac{x + \sqrt{6-x}}{2x+6} = ?$

A) $-\dfrac{5}{12}$ B) $-\dfrac{1}{12}$ C) $\dfrac{1}{5}$ D) $\dfrac{5}{12}$ E) $\dfrac{1}{2}$

16. $\lim\limits_{x \to 1} \dfrac{2x^2 + 5x - 7}{x - 1} = ?$

A) 5 B) 6 C) 7 D) 8 E) 9

17. $\lim\limits_{x \to \infty} \dfrac{(a-1)x^2 + 2}{(a-1)x^2 - 5x} = ?$

A) – 2   B) – 1   C) 0   D) 1   E) 2

18. $\lim\limits_{x \to 2} \dfrac{5x^2 - 3x}{x} = ?$

A) 7   B) $\dfrac{17}{4}$ C) $\dfrac{15}{4}$ D) 2   E) $\dfrac{13}{12}$

19. $\lim\limits_{x \to \frac{\pi}{2}} \dfrac{\sin x - 1}{\cos 2x + 1} = ?$

A) 1   B) $\dfrac{1}{2}$ C) 0   D) $-\dfrac{1}{4}$ E) – 1

20. $\lim\limits_{x \to 3} \dfrac{4 - \sqrt{a - x}}{x - 3} = m, m \in \mathbb{R} \Rightarrow m = ?$

A) $\dfrac{1}{2}$ B) $\dfrac{1}{4}$ C) $\dfrac{1}{8}$ D) $-\dfrac{1}{8}$ E) $-\dfrac{1}{16}$

21. $\lim\limits_{b \to 2} \dfrac{\sin(\pi \cdot b)}{4 - b^2} = ?$

A) $-\pi$ B) $-\dfrac{\pi}{2}$ C) $-\dfrac{\pi}{4}$ D) $\dfrac{\pi}{4}$ E) $\dfrac{\pi}{2}$

22. $\lim\limits_{x \to 0} \dfrac{\ln(1 + 4x)}{\sin 5x} = ?$

A) $\dfrac{4}{5}$ B) 0   C) $-\dfrac{4}{5}$ D) 1   E) $\dfrac{5}{4}$

23. $\lim\limits_{x \to 2} \dfrac{\tan(2x-4)}{x-2} = ?$

A) -2 B) -1 C) 0 D) 1 E) 2

Answers					
1. E	2. A	3. E	4. E	5. D	6. A
7. B	8. C	9. C	10. A	11. B	12. D
13. C	14. E	15. D	16. E	17. D	18. A
19. D	20. C	21. C	22. A	23. E	

Limit

Test 2

1. $\lim\limits_{x \to 1} \dfrac{x^8 - 1}{x - 1} = ?$

A) 1   B) 2   C) 4   D) 8   E) 16

2. $\lim\limits_{x \to 9} \dfrac{2\sqrt{x} - 6}{x - 9} = ?$

A) $\dfrac{1}{2}$ B) $\dfrac{1}{3}$ C) $\dfrac{1}{4}$ D) $\dfrac{1}{5}$ E) $\dfrac{1}{6}$

3. $\lim\limits_{m \to x} \dfrac{m^3 - x^3}{m - x} = ?$

A) $2x^2$ B) $3x^2$ C) $4x^2$ D) $6x^2$ E) x^2

4. $\lim\limits_{\alpha \to 1} \dfrac{\sqrt[4]{\alpha} - 1}{\sqrt[3]{\alpha} - 1} = ?$

A) $-\dfrac{4}{3}$ B) $-\dfrac{3}{4}$ C) 1   D) $\dfrac{3}{4}$ E) $\dfrac{4}{3}$

5. $\lim\limits_{x \to 1}(4x - \ln x) = ?$

A) 1   B) 2   C) 3   D) 4   E) 5

6. $\lim\limits_{x \to c} \dfrac{x\sqrt{x} - c\sqrt{c}}{\sqrt{x} - \sqrt{c}} = ?$

A) $\dfrac{c}{3}$ B) $\dfrac{c}{2}$ C) c D) $2c$ E) $3c$

7. $\lim\limits_{x \to 2} \dfrac{\sqrt[3]{x+6} - 2}{x - 2} = ?$

A) $-\dfrac{1}{1}$ B) $-\dfrac{1}{8}$ C) 0 D) $\dfrac{1}{12}$ E) $\dfrac{1}{4}$

8. $\lim\limits_{x \to 2} \dfrac{\sqrt[3]{x} - \sqrt[3]{2}}{x - 2} = ?$

A) $\dfrac{1}{2}$ B) $\dfrac{1}{3 \cdot \sqrt[3]{6}}$ C) $\dfrac{1}{3 \cdot \sqrt[3]{4}}$ D) $\dfrac{1}{3 \cdot \sqrt[3]{2}}$ E) $\dfrac{1}{6}$

9. $\lim\limits_{x \to 2} \dfrac{x - \sqrt{2x}}{\sqrt{2x + 5} - 3} = ?$

A) $\dfrac{1}{2}$ B) 1 C) $\dfrac{3}{2}$ D) 2 E) $\dfrac{5}{2}$

10. $\lim\limits_{x \to 1} \dfrac{1 - \sqrt[p]{x}}{1 - \sqrt[q]{x}} = ?$

A) $-\dfrac{p}{q}$ B) $-\dfrac{q}{p}$ C) $\dfrac{p}{q}$ D) $\dfrac{q}{p}$ E) $p \cdot q$

11. $\lim\limits_{x \to 2} \dfrac{\sqrt{x^2 - 3x + 6} - \sqrt{x^2 - 2x + 4}}{4x - 8} = ?$

A) $-\dfrac{1}{4}$ B) $-\dfrac{1}{8}$ C) $-\dfrac{1}{16}$ D) $\dfrac{1}{8}$ E) $\dfrac{1}{16}$

12. $\lim\limits_{x \to 2} \dfrac{8 - x^3}{x^2 - 2x + 3} = ?$

A) -2 B) -1 C) 0 D) 1 E) 2

13. $\lim\limits_{x \to 9} \dfrac{\sqrt{x} - 3}{\sqrt[4]{x} - \sqrt{3}} = ?$

A) $2\sqrt{3}$ B) $\sqrt{15}$ C) 4 D) $3\sqrt{2}$ E) $3\sqrt{3}$

14. $\lim\limits_{\frac{a}{b} \to 1} \dfrac{4a + 3b}{2a + b} = ?$

A) $\dfrac{2}{7}$ B) $\dfrac{3}{7}$ C) 2 D) $\dfrac{7}{3}$ E) $\dfrac{7}{2}$

15. $\lim\limits_{x \to 0} \dfrac{\sqrt[3]{x + 27} - 3}{\sqrt{x + 64} - 8} = ?$

A) $-\dfrac{27}{22}$ B) $-\dfrac{32}{27}$ C) $\dfrac{27}{32}$ D) $\dfrac{32}{27}$ E) $\dfrac{16}{27}$

16. $\lim\limits_{x \to 5} \left(\dfrac{1}{x - 5} - \dfrac{3x - 8}{x^2 - 3x - 10} \right) = ?$

A) $-\dfrac{5}{7}$ B) $-\dfrac{2}{7}$ C) 0 D) $\dfrac{2}{7}$ E) $\dfrac{5}{7}$

17. $\lim\limits_{x \to 1} \dfrac{ax - \sqrt{x + 3}}{x^2 - 1} = b, b \in R \Rightarrow a = ?$

A) 2   B) 3   C) 4   D) 5   E) 6

18. $\lim\limits_{x \to \frac{\pi}{2}} \dfrac{\pi - 2x}{\cos x} = ?$

A) -2 B) -1 C) 0   D) 1   E) 2

19. $\lim\limits_{y \to x} \dfrac{\sin^2 y - \sin^2 x}{y^2 - x^2} = ?$

A) $\sin x$ B) $\dfrac{\sin x}{2x}$ C) $\dfrac{\sin 2x}{x}$ D) $\dfrac{\sin x}{x}$ E) $\dfrac{\sin 2x}{2x}$

20. $\lim\limits_{x \to e} \dfrac{\ln x - 1}{x^2 - e^2} = ?$

A) $\dfrac{1}{e}$ B) $\dfrac{1}{e^2}$ C) $\dfrac{1}{2e}$ D) $\dfrac{1}{2e^2}$ E) $\dfrac{1}{4e^2}$

21. $\lim\limits_{x \to 1} \tan\left(\dfrac{\pi}{2}x\right) \cdot (x - 1) = ?$

A) $\dfrac{2}{\pi}$ B) $-\dfrac{\pi}{2}$ C) $-\pi$ D) π E) 2π

Answers							
1. D	2. B	3. B	4. D	5. D	6. E		
7. D	8. C	9. C	10. D	11. A	12. C		
13. A	14. D	15. E	16. B	17. A	18. E		
19. E	20. D	21. A					

Chapter	Limit

Test 3

1. $\lim\limits_{x \to \pi}(\cos(\sin x)) = ?$

A) 1   B) 0   C) -1 D) $-\dfrac{1}{2}$ E) $-\dfrac{1}{3}$

2. $\lim\limits_{x \to -1} \dfrac{(2+3x)^2 - (x+2)^2}{x^3 - x} = ?$

A) -4 B) -2 C) 0   D) 2   E) 4

3. $\lim\limits_{x \to -1} \dfrac{3x^3 + 3x^2 + x + 1}{x^2 - 1} = ?$

A) -3 B) -2 C) -1 D) 0   E) 1

4. $\lim\limits_{x \to 3} \dfrac{x^2 - 9}{\sqrt{x+6} - 3} = ?$

A) 4   B) 9   C) 16   D) 36   E) 39

5. $\lim\limits_{x \to \frac{\pi}{2}} \dfrac{\sin 2x - \cos x}{x - \dfrac{\pi}{2}} = ?$

A) -1 B) -2 C) -3 D) 1   E) 2

6. $\lim\limits_{x \to 1} \left(\dfrac{x+m}{\sqrt{3+x} - 2} \right) = k, k \in R \Rightarrow m = ?$

A) -1 B) -2 C) -3 D) -4 E) -5

7. $\lim\limits_{x \to \frac{\pi}{2}} \left(\dfrac{1 + \cos 2x}{1 - \sin x} \right) = ?$

A) 0   B) 2   C) −2   D) 4   E) −4

8. $\lim\limits_{x \to 0} \left(\dfrac{x^2 + \sin^2 x}{\tan^2 x} \right) = ?$

A) 3   B) $\dfrac{3}{2}$ C) 2   D) 1   E) $\dfrac{5}{2}$

9. $\lim\limits_{x \to 2} \left(\dfrac{x^3 - ax^2 + 3x - 2}{x^2 - 4} \right) = k, k \in \mathbb{R} \Rightarrow \mathbf{k} = ?$

A) 3   B) $\dfrac{3}{4}$ C) $\dfrac{1}{2}$ D) 2   E) $-\dfrac{3}{2}$

10. $\lim\limits_{x \to 1} \left(\dfrac{\sqrt{x+3} - \sqrt{3x+1}}{x^2 - 3x + 2} \right) = ?$

A) 1   B) $\dfrac{1}{2}$ C) $\dfrac{1}{3}$ D) 0   E) −1

11. $\lim\limits_{x \to \frac{\pi}{4}} \dfrac{\sqrt{2} \cos x - 1}{1 - \tan^2 x} = ?$

A) −2   B) $-\dfrac{1}{2}$ C) 0   D) $\dfrac{1}{4}$ E) $\dfrac{1}{2}$

12. $\lim\limits_{x \to 0} \dfrac{5e^x + 5e^{-x} - 10}{4x^2} = ?$

A) $-\dfrac{5}{2}$ B) -1 C) 0   D) $\dfrac{5}{4}$ E) 1

13. $\lim\limits_{x\to 3}\left(\dfrac{1}{x-3}-\dfrac{6}{x^2-9}\right)=?$

A) $\dfrac{1}{4}$ B) 4   C) 3   D) $\dfrac{1}{3}$ E) $\dfrac{1}{6}$

14. $\lim\limits_{x\to\infty}\dfrac{(b-1)x^3+(2a-6)x^2+x-1}{ax^2-2x+5}=-1 \Rightarrow a+b=?$

A) 3   B) 2   C) 1   D) 0   E) ∞

15. $\lim\limits_{x\to\infty}\left(\dfrac{\sin x}{x}+\dfrac{x^2+3x}{2x^2-1}\right)=?$

A) $\dfrac{3}{2}$ B) $\dfrac{1}{2}$ C) 1   D) 2   E) ∞

16. $\lim\limits_{x\to\infty}\left(\sqrt{x^2-1}-\sqrt{x^2+3x+1}\right)=?$

A) -2 B) $-\dfrac{5}{2}$ C) $-\dfrac{3}{2}$ D) 0   E) -1

17. $\lim\limits_{x\to\infty}\left(\dfrac{x}{x+2}\right)^x=?$

A) e^{-2} B) e^2 C) e D) 0   E) -1

18. $\lim\limits_{x\to\infty} \left(\dfrac{x-2}{x+2}\right)^{x+2} = ?$

A) e^4 B) e^{-4} C) e^2 D) e^{-2} E) e

19. $\lim\limits_{x\to\frac{\pi}{2}} \dfrac{\sin\left(x-\frac{\pi}{2}\right)}{\cos x} = k, k \in \mathbb{R}$

$\Rightarrow \lim\limits_{x\to k}(3^{x+1} + e^{-x}) = ?$

A) e B) $e+3$ C) $e+1$ D) $e+2$ E) $2e$

20. $\lim\limits_{x\to 0} \dfrac{\ln(3x+1)}{2x} = ?$

A) $\dfrac{3}{2}$ B) $\dfrac{2}{3}$ C) $\dfrac{1}{2}$ D) 3   E) 12

21. $\lim\limits_{x\to 2} [(x-2)\cdot \ln(x-2)] = ?$

A) -2 B) -1 C) 0   D) 1   E) 2

22. $\lim\limits_{x\to 0} \left(\dfrac{1}{\sin x} - \dfrac{1}{x}\right) = ?$

A) 0   B) 1   C) 2   D) 3   E) 4

23. $\lim\limits_{x\to 0} \dfrac{\sqrt[4]{1+2x}-1}{x} = ?$

A) -2 B) $-\dfrac{1}{2}$ C) 0   D) $\dfrac{1}{2}$ E) 2

Answers					
1. C	2. A	3. B	4. D	5. A	6. A
7. D	8. C	9. B	10. B	11. D	12. D
13. E	14. A	15. B	16. C	17. A	18. B
19. C	20. A	21. C	22. A	23. D	

Test 4

1. $\lim\limits_{x\to 3} [4 \cdot (3x-2) \cdot (x+2)] = ?$

A) 100 B) 120 C) 135 D) 140 E) 150

2. $\lim\limits_{x\to -6}[(x+4)^{100} \cdot (x+2)] = ?$

A) -3 B) -2 C) -1 D) 2 E) 3

3. $\lim\limits_{x\to 1} \dfrac{x^2-2x+1}{(x^3-1)^2} = ?$

A) $\dfrac{1}{9}$ B) $\dfrac{1}{3}$ C) 1 D) 3 E) 9

4. $\lim\limits_{a\to 0} \dfrac{(x+a)^3 - x^3}{a} = ?$

A) $\dfrac{x}{3}$ B) $3x$ C) $3x^2$ D) $6x$ E) $9x^2$

5. $\lim\limits_{x\to 2} \left(\dfrac{1}{(x-2)} - \dfrac{1}{x^2-3x+2}\right) = ?$

A) -2 B) -1 C) 0 D) 1 E) 2

6. $\lim\limits_{x\to 16} \dfrac{\sqrt{x}-4}{\sqrt[4]{x}-2} = ?$

A) − 16   B) − 4   C) 0   D) 4   E) 16

7. $\lim\limits_{x \to 2} \dfrac{\sqrt{x+2} - x}{3 - \sqrt{4x+1}} = ?$

A) 1   B) $\dfrac{9}{8}$ C) $\dfrac{5}{4}$ D) $\dfrac{11}{8}$ E) $\dfrac{4}{3}$

8. $\lim\limits_{x \to 0} \dfrac{\sqrt{x^2 + m} - 1}{x} = n, \, m, n \in \mathbb{R} \Rightarrow \mathbf{n} = ?$

A) − 2   B) − 1   C) 0   D) 1   E) 2

9. $\lim\limits_{x \to \infty} \left(\dfrac{x^2}{2x+5} - \dfrac{x}{2} \right) = ?$

A) $-\dfrac{1}{4}$ B) $-\dfrac{1}{2}$ C) $-\dfrac{3}{4}$ D) − 1   E) $-\dfrac{5}{4}$

10. $\lim\limits_{x \to \infty} \left(\dfrac{x^3}{x^2 + 2} - x \right) = ?$

A) 0   B) 1   C) 2   D) 3   E) 4

11. $\lim\limits_{x \to -\infty} \dfrac{4}{1 - 3^{x/1-x}} = ?$

A) 4   B) 6   C) 8   D) 10   E) 12

12. $\lim\limits_{x \to -\infty} \dfrac{3 \cdot 2^x + 7}{4 - 2^{x+1}} = ?$

A) $\dfrac{3}{2}$ B) $\dfrac{13}{5}$ C) $\dfrac{7}{4}$ D) $\dfrac{21}{8}$ E) 5

13. $\lim\limits_{x\to\infty}\left(\sqrt{x^2-8x}-x\right)=?$

A) -8 B) -4 C) -2 D) 4 E) 8

14. $\lim\limits_{x\to m}\dfrac{\sin m-\sin x}{\cos x-\cos m}=?$

A) $\cot m$ B) $-\cos m$ C) $-\dfrac{1}{\cos m}$ D) $-\dfrac{1}{\sin m}$ E) $-\sin m$

15. $\lim\limits_{x\to\frac{\pi}{4}}\dfrac{\sin\left(x-\frac{\pi}{4}\right)}{\cos\left(x+\frac{\pi}{4}\right)}=?$

A) $-\dfrac{1}{3}$ B) -1 C) $\dfrac{1}{4}$ D) $\dfrac{1}{2}$ E) $\dfrac{\sqrt{2}}{2}$

16. $\lim\limits_{x\to\frac{\pi}{4}}\dfrac{\sin x-\cos x}{\cot x-1}=?$

A) $-2\sqrt{2}$ B) $-\sqrt{2}$ C) $-\dfrac{\sqrt{2}}{2}$ D) $\dfrac{\sqrt{2}}{2}$ E) $\sqrt{2}$

17. $\lim\limits_{x\to\frac{\pi}{3}}\dfrac{1-2\cos x}{\sin\left(x-\frac{\pi}{3}\right)}=?$

A) $\dfrac{\sqrt{2}}{2}$ B) 1 C) $\sqrt{2}$ D) $\dfrac{3}{2}$ E) $\sqrt{3}$

18. $\lim\limits_{x \to 0} \dfrac{\sqrt[3]{1+x^2} - \sqrt[4]{1-2x}}{x} = ?$

A) $\dfrac{1}{4}$ B) $\dfrac{1}{2}$ C) $\dfrac{3}{4}$ D) 1   E) 2

19. $\lim\limits_{x \to 2} \dfrac{x^3 - 3x^2 + x + 2}{x^4 - 4x - 8} = ?$

A) $\dfrac{1}{64}$ B) $\dfrac{1}{32}$ C) $\dfrac{1}{28}$ D) $\dfrac{1}{12}$ E) $\dfrac{1}{6}$

20. $\lim\limits_{x \to 1} \left(\dfrac{1}{\ln x} - \dfrac{1}{x-1} \right) = ?$

A) 4   B) 2   C) 1   D) $\dfrac{1}{2}$ E) $\dfrac{1}{4}$

21. $\lim\limits_{x \to 2} \dfrac{3 - \sqrt{5x-1}}{\sqrt{x+2} - x} = ?$

A) $\dfrac{8}{3}$ B) 2   C) $\dfrac{5}{3}$ D) $\dfrac{4}{3}$ E) $\dfrac{10}{9}$

Answers					
1. D	2. A	3. A	4. C	5. D	6. D
7. B	8. C	9. E	10. A	11. B	12. C
13. B	14. A	15. B	16. C	17. E	18. B
19. C	20. C	21. E			

Chapter Limit

Test 5

1. $\lim_{x \to 0} \dfrac{\sin^3 \frac{x}{2}}{x^3} = ?$

A) 16   B) 8   C) 4   D) $\dfrac{1}{8}$ E) $\dfrac{1}{16}$

2. $\lim_{x \to 8} \dfrac{\sqrt[3]{x} - 2}{\sqrt{x} - 2\sqrt{2}} = ?$

A) $\dfrac{\sqrt{2}}{3}$ B) $\dfrac{\sqrt{2}}{6}$ C) $\dfrac{\sqrt{2}}{8}$ D) $\dfrac{1}{2}$ E) $\dfrac{1}{4}$

3. $\lim_{x \to \pi} \dfrac{\pi \cos 2x - x}{1 + \cos x} = ?$

A) -1 B) -2 C) 0   D) 1   E) 2

4. $\lim_{x \to 2} \dfrac{x - 2}{x^3 - 8} = ?$

A) $\dfrac{1}{3}$ B) $\dfrac{1}{6}$ C) $\dfrac{1}{8}$ D) $\dfrac{1}{12}$ E) $\dfrac{3}{16}$

5. $\lim_{a \to x} \dfrac{a^3 - x^3}{a^2 - x^2} = ?$

A) $\dfrac{3x^2}{2}$ B) $\dfrac{3x}{2}$ C) $\dfrac{3}{2x}$ D) $\dfrac{x}{3}$ E) $\dfrac{x}{2}$

6. $\lim\limits_{x \to 1} \dfrac{\tan\frac{\pi}{4}x - \cos 2\pi}{x - 1} = ?$

A) π B) $\dfrac{\pi}{2}$ C) $\dfrac{\pi}{4}$ D) $\dfrac{3\pi}{4}$ E) $\dfrac{\pi}{6}$

7. $\lim\limits_{x \to 0} \dfrac{\sin 4x}{x} = ?$

A) 1   B) 2   C) 4   D) $\dfrac{1}{4}$ E) $\dfrac{1}{8}$

8. $\lim\limits_{x \to 0} \dfrac{1 - \cos x}{\sin^2 x} = ?$

A) 1   B) $\dfrac{1}{2}$ C) $\dfrac{1}{4}$ D) $\dfrac{3}{2}$ E) $\dfrac{3}{4}$

9. $\lim\limits_{x \to \infty} \left(\dfrac{x + 7}{x + 3}\right)^x = ?$

A) $\dfrac{1}{4}$ B) e^2 C) e^3 D) e^4 E) $\dfrac{1}{4}e$

10. $\lim\limits_{x \to \infty} \left(\dfrac{x + 5}{x + 1}\right)^{3x+2} = ?$

A) e B) e^3 C) e^4 D) e^6 E) e^{12}

11. $\lim\limits_{x \to 2} \dfrac{x - 2}{\sqrt{2x} - 2} = ?$

A) 1   B) 2   C) $\dfrac{1}{2}$ D) $\dfrac{1}{4}$ E) $\dfrac{1}{8}$

12. $\lim\limits_{x \to e} \dfrac{\ln x - 1}{x - e} = ?$

A) 1 B) $\dfrac{1}{2}$ C) e D) $\dfrac{1}{e}$ E) $\dfrac{1}{e^2}$

13. $\lim\limits_{x \to 0} \dfrac{\ln(1 + 4x)}{\sin 4x} = ?$

A) 16 B) 8 C) 4 D) 2 E) 1

14. $\lim\limits_{x \to 1} \dfrac{\sin \pi x}{1 - x^2} = ?$

A) $-\pi$ B) $-\dfrac{\pi}{2}$ C) $\dfrac{\pi}{2}$ D) π E) 2π

15. $\lim\limits_{x \to 0} \dfrac{\cos x - \cos^3 x}{x^2} = ?$

A) -2 B) -1 C) 0 D) 1 E) 2

16. $\lim\limits_{x \to \frac{\pi}{3}} \dfrac{3x - \pi}{\sin\left(x - \dfrac{\pi}{3}\right)} = ?$

A) -9 B) -3 C) 0 D) 3 E) 9

17. $\lim\limits_{x \to \pi} \dfrac{2x - 2\pi}{\tan x - \sin x} = ?$

A) 2 B) 1 C) 0 D) -1 E) -2

18. $\lim\limits_{x\to\frac{\pi}{2}} \dfrac{\sin(\cos x)}{\cos^2\frac{x}{2} - \sin^2\frac{x}{2}} = ?$

A) $-\sqrt{2}$ B) $\dfrac{-\sqrt{2}}{2}$ C) 1   D) $\dfrac{\sqrt{2}}{2}$ E) $\sqrt{2}$

19. $\lim\limits_{x\to 0} \dfrac{\sin 5x - \sin 2x}{\sin x} = ?$

A) 1   B) $\dfrac{3}{2}$ C) 2   D) $\dfrac{5}{2}$ E) 3

20. $\lim\limits_{x\to\infty} \left(\dfrac{4x^2 + 6}{2x^2 - 7x + 1} + 5^{\frac{1}{x}} \right) = ?$

A) -2 B) -1 C) 0   D) 1   E) 3

21. $\lim\limits_{x\to\frac{\pi}{4}} \dfrac{\cos 2x}{\cos x - \sin x} = ?$

A) 1   B) $\sqrt{2}$ C) $\sqrt{3}$ D) 2   E) $2\sqrt{2}$

22. $\lim\limits_{0\to x} \dfrac{\tan x - \tan\theta}{\tan(\theta - x)} = ?$

A) $-\sec^2 x$ B) $\sec^2 x$ C) $\csc^2 x$ D) $-\csc^2 x$ E) $\tan x$

23. $\lim\limits_{x\to 3} \dfrac{x^3 - 3x^2 + x - 3}{x^2 - x - 6} = ?$

A) -3 B) -2 C) 0   D) 2   E) 3

Answers					
1. D	2. A	3. A	4. D	5. B	6. B
7. C	8. B	9. D	10. E	11. B	12. D
13. E	14. C	15. D	16. D	17. B	18. C
19. E	20. E	21. B	22. B	23. D	

| Chapter | Limit |

Test 6

1. $\lim_{t \to \infty} \left(\dfrac{t^3 - 2}{t^3 + 1}\right)^{t^3+3} = ?$

A) 1   B) 2   C) e   D) e^{-2} E) ∞

2. $\lim_{x \to -\infty} (\sqrt{x^2 - 4x + 6} - \sqrt{x^2 + ax + 3}) = 6 \Rightarrow a = ?$

A) -16 B) -12 C) -8 D) 8   E) 16

3. $\lim_{x \to 6} \dfrac{\sqrt{5x + 6} - 6}{\sqrt{x + 3} - 3} = ?$

A) $\dfrac{5}{2}$ B) 3   C) $\dfrac{7}{2}$ D) 4   E) $\dfrac{9}{2}$

4. $\lim_{x \to 2} (2 - x) \cdot \tan\left(\dfrac{\pi}{4}x\right) = ?$

A) $\dfrac{\pi}{2}$ B) $\dfrac{2}{3}$ C) $\dfrac{2\pi}{3}$ D) $\dfrac{2}{\pi}$ E) $\dfrac{4}{\pi}$

5. $\lim_{x \to 0} \dfrac{\sqrt[3]{x + 1} - 1}{\sqrt{x + 1} - 1} = ?$

A) 2   B) $\dfrac{3}{2}$ C) 1   D) $\dfrac{2}{3}$ E) $\dfrac{3}{4}$

6. $\lim\limits_{x \to 0} \dfrac{\tan(x^2) + \tan^2 x}{x^2} = ?$

A) 1   B) $\dfrac{3}{2}$ C) 2   D) $\dfrac{5}{2}$ E) 3

7. $\lim\limits_{x \to -4} \left(\dfrac{1}{x+4} - \dfrac{8}{16-x^2} \right) = ?$

A) $\dfrac{1}{2}$ B) $\dfrac{1}{4}$ C) $\dfrac{1}{8}$ D) $-\dfrac{1}{4}$ E) $-\dfrac{1}{8}$

8. $\lim\limits_{x \to \frac{\pi}{4}} \tan(2x)(\tan x - 1) = ?$

A) -1 B) $-\dfrac{1}{2}$ C) 0   D) 1   E) $\dfrac{1}{2}$

9. $\lim\limits_{x \to 0} \dfrac{\sqrt{x+16} - 4}{\sin 8x} = ?$

A) $\dfrac{1}{4}$ B) $\dfrac{1}{8}$ C) $\dfrac{1}{16}$ D) $\dfrac{1}{32}$ E) $\dfrac{1}{64}$

10. $\lim\limits_{x \to 0} \cot x (\operatorname{cosec} x - \cot x) = ?$

A) 1   B) $\dfrac{1}{2}$ C) $\dfrac{1}{4}$ D) $\dfrac{1}{8}$ E) $\dfrac{3}{4}$

11. $\lim\limits_{x \to 4} \dfrac{x^2 - 16}{\sqrt{x-1} - \sqrt{3}} = ?$

A) $2\sqrt{3}$ B) $4\sqrt{3}$ C) $8\sqrt{3}$ D) $12\sqrt{3}$ E) $16\sqrt{3}$

12. $\lim\limits_{x \to 25} \dfrac{\sqrt{x} - 5}{x - 25} = ?$

A) $\dfrac{1}{5}$ B) $\dfrac{1}{10}$ C) $\dfrac{1}{15}$ D) $\dfrac{1}{20}$ E) $\dfrac{1}{25}$

13. $\lim\limits_{x \to 2} \left(\dfrac{1}{x - 2} - \dfrac{12}{x^3 - 8} \right) = ?$

A) $\dfrac{3}{2}$ B) 1 C) $\dfrac{1}{2}$ D) $\dfrac{1}{4}$ E) $\dfrac{1}{8}$

14. $\lim\limits_{x \to \infty} \left(\sqrt{x^2 + 2x} - x \right) = ?$

A) 1 B) $\dfrac{3}{2}$ C) 2 D) $\dfrac{5}{2}$ E) 4

15. $\lim\limits_{x \to 2} \dfrac{\sqrt{4 - x^2}}{\sqrt{6 - 5x + x^2}} = ?$

A) -2 B) -1 C) 0 D) 1 E) 2

16. $\lim\limits_{x \to 2} \sqrt{\dfrac{x^4 - 16}{x^3 - 8}} = ?$

A) $\dfrac{\sqrt{6}}{3}$ B) $\dfrac{2\sqrt{6}}{3}$ C) $\dfrac{2\sqrt{3}}{3}$ D) $\dfrac{\sqrt{6}}{4}$ E) $2\sqrt{2}$

17. $\lim\limits_{x \to \frac{\pi}{2}} \dfrac{\sin x - 1}{\sin x^2 - 1} = ?$

A) 0   B) $\frac{1}{2}$ C) 1   D) $\frac{3}{2}$ E) 3

18. $\lim\limits_{x \to 4} \dfrac{\sqrt{x} - 2}{x^2 - 16} = ?$

A) $\dfrac{1}{4}$ B) $\dfrac{1}{8}$ C) $\dfrac{1}{16}$ D) $\dfrac{1}{32}$ E) $\dfrac{1}{64}$

19. $\lim\limits_{x \to \frac{\pi}{2}} \dfrac{4 - 4\sin x}{\sin 4x} = ?$

A) 2   B) 1   C) 0   D) -1 E) -2

20. $\lim\limits_{x \to 0} \dfrac{8x + \sin(6x)}{x^2 - 4x + \sin(12x)} = ?$

A) $\dfrac{3}{2}$ B) $\dfrac{7}{2}$ C) $\dfrac{7}{4}$ D) $\dfrac{1}{2}$ E) 1

21. $\lim\limits_{x \to \infty} \left(\sqrt{x^2 + 7x} - \sqrt{x^2 + 2x} \right) = ?$

A) 5   B) 3   C) $\dfrac{5}{2}$ D) 2   E) $\dfrac{1}{2}$

22. $\lim\limits_{x \to -\infty} \left(\sqrt{4x^2 + 6x} - \sqrt{4x^2 + 9} \right) = ?$

A) $-\dfrac{3}{2}$ B) $-\dfrac{1}{2}$ C) 1   D) $\dfrac{3}{2}$ E) $\dfrac{5}{2}$

Answers

1. E	2. D	3. A	4. E	5. D	6. C
7. E	8. A	9. E	10. B	11. E	12. B
13. C	14. A	15. E	16. B	17. B	18. D
19. C	20. C	21. C	22. A		

Chapter   **Limit**

Test 7

1. $\lim_{x \to -2}(4 - x^2) \cdot \tan\left(\dfrac{\pi x}{4}\right) = ?$

A) $\dfrac{\pi}{2}$ B) $\dfrac{\pi}{4}$ C) $\dfrac{\pi}{6}$ D) $\dfrac{\pi}{8}$ E) $\dfrac{\pi}{12}$

2. $\lim_{x \to 1} \dfrac{\tan(27 - x^3)}{x^4 - 81} = ?$

A) $-\dfrac{1}{4}$ B) $-\dfrac{1}{2}$ C) 0   D) $\dfrac{1}{4}$ E) $\dfrac{3}{8}$

3. $\lim_{x \to \frac{\pi}{2}} \dfrac{(1 + \sin x) \cdot \cos x}{\pi + 2x} = ?$

A) 1   B) $\dfrac{1}{2}$ C) 0   D) $-\dfrac{1}{2}$ E) -1

4. $\lim_{x \to 2} \dfrac{\sin\left(\dfrac{\pi x}{4} - \dfrac{\pi}{2}\right)}{\ln(3x - 5)} = ?$

A) $\dfrac{\pi}{2}$ B) $\dfrac{\pi}{4}$ C) $\dfrac{\pi}{6}$ D) $\dfrac{3\pi}{4}$ E) $\dfrac{\pi}{12}$

5. $\lim_{x \to 0} \dfrac{\sin(e^{6x} - 1)}{\sin(e^{2x} - 1)} = ?$

A) $\dfrac{1}{2}$ B) 1   C) $\dfrac{3}{2}$ D) 3   E) 6

6. $\lim\limits_{x \to 1} \sec\left(\dfrac{\pi}{2}x\right) \cdot \left(\arctan x - \dfrac{\pi}{4}\right) = ?$

A) -1 B) $-\dfrac{1}{2}$ C) $-\dfrac{1}{\pi}$ D) $\dfrac{2}{\pi}$ E) $\dfrac{\pi}{2}$

7. $\lim\limits_{x \to 0} \dfrac{2\sin(5x)}{3x} = ?$

A) $\dfrac{12}{5}$ B) 3 C) $\dfrac{10}{3}$ D) $\dfrac{7}{2}$ E) 4

8. $\lim\limits_{x \to 0} \sin(5x) \cdot \cot(3x) = ?$

A) $\dfrac{4}{3}$ B) $\dfrac{3}{2}$ C) $\dfrac{5}{3}$ D) $\dfrac{7}{3}$ E) $\dfrac{5}{2}$

9. $\lim\limits_{x \to 0} x \cdot \csc^2 \sqrt{2}x = ?$

A) $\dfrac{3}{2}$ B) 1 C) $\dfrac{3}{4}$ D) $\dfrac{2}{3}$ E) $\dfrac{1}{2}$

10. $\lim\limits_{x \to 0} \dfrac{\sin 2x}{2x^2 + x} = ?$

A) $\dfrac{5}{2}$ B) 2 C) $\dfrac{3}{2}$ D) $\dfrac{2}{3}$ E) 0

11. $\lim\limits_{x \to 0} x \cdot \cot(2x) = ?$

A) $\dfrac{3}{2}$ B) 1 C) $\dfrac{2}{3}$ D) $\dfrac{1}{2}$ E) $\dfrac{1}{4}$

12. $\lim\limits_{x \to 0} \dfrac{x^2 + 4x}{\sin(3x)} = ?$

A) $\dfrac{3}{2}$ B) $\dfrac{4}{3}$ C) $\dfrac{2}{3}$ D) $\dfrac{1}{2}$ E) 0

13. $\lim\limits_{x \to 0} \tan 3x \cdot \cos 6x = ?$

A) 0   B) $\dfrac{2}{3}$ C) $\dfrac{3}{2}$ D) 3   E) $\dfrac{9}{2}$

14. $\lim\limits_{x \to \frac{\pi}{2}} \dfrac{4x - 2\pi}{\cos x} = ?$

A) 4   B) 2   C) 0   D) -2 E) -4

15. $f(x) = \dfrac{\sqrt[3]{x} + 2}{x + 8} \Rightarrow \lim\limits_{x \to -6} f(x) = ?$

A) 1   B) $\dfrac{1}{2}$ C) $\dfrac{1}{4}$ D) $\dfrac{1}{8}$ E) $\dfrac{1}{12}$

16. $\lim\limits_{x \to 0} \dfrac{\sin 2x \cdot \tan 2x}{1 - \cos 4x} = ?$

A) $\dfrac{1}{8}$ B) $\dfrac{1}{4}$ C) $\dfrac{1}{2}$ D) 4   E) 2

17. $\lim\limits_{x \to 1} \dfrac{x^6 - x}{x^2 + 7x - 8} = ?$

A) $-\dfrac{2}{3}$ B) $-\dfrac{5}{6}$ C) $\dfrac{4}{3}$ D) $\dfrac{2}{3}$ E) $\dfrac{4}{9}$

18. $\lim\limits_{x \to 8} \dfrac{x-8}{\sqrt[3]{x-16}+12} = ?$

A) $\dfrac{5}{6}$ B) $\dfrac{4}{3}$ C) 6   D) 12   E) 18

19. $\lim\limits_{x \to 0} \dfrac{2x + \sin 4x}{\sin 8x} = ?$

A) $\dfrac{1}{2}$ B) $\dfrac{2}{3}$ C) $\dfrac{3}{4}$ D) 1   E) $\dfrac{2}{3}$

20. $\lim\limits_{x \to \frac{\pi}{2}} \dfrac{\cos^2 x}{1 - \sin^3 x} = ?$

A) $\dfrac{1}{2}$ B) $\dfrac{2}{3}$ C) 1   D) $\dfrac{3}{2}$ E) $\dfrac{5}{2}$

21. $\lim\limits_{x \to \frac{\pi}{4}} \dfrac{\sin x - \cos x}{1 - \tan x} = ?$

A) $-\dfrac{\sqrt{2}}{2}$ B) 0   C) $\dfrac{\sqrt{2}}{2}$ D) 1   E) $\dfrac{3}{2}$

22. $\lim\limits_{x \to 2} \dfrac{4x^2 - 2x + m - 2}{x^2 - 4} \in \mathbb{R} \Rightarrow m = ?$

A) $\dfrac{5}{2}$ B) 3   C) $\dfrac{7}{2}$ D) 4   E) $\dfrac{9}{2}$

23. $\lim\limits_{x \to 0} \dfrac{\sqrt{x+9} - 3}{\sqrt{x+16} - 4} = ?$

A) 1   B) $\frac{4}{3}$ C) $\frac{5}{2}$ D) 3   E) 4

Answers					
1. D	2. A	3. E	4. E	5. D	6. C
7. C	8. C	9. E	10. B	11. D	12. B
13. A	14. E	15. E	16. C	17. E	18. D
19. C	20. B	21. A	22. C	23. B	

THE DERIVATIVE
Definition:

$$\lim_{x \to x_0} \frac{f(x) - f(x_0)}{x - x_0}$$

This expression is called derivative of f(x) at point x_0

$$f'(x) = \frac{df(x)}{dx} = \frac{dy}{dx}$$

The derivative of $f(x)$ at $x = x_0$ can be shown as

$$f'(x_0), \frac{df(x_0)}{dx}, \frac{dy(x_0)}{dx}, y'(x_0)$$

☞ $x - x_0 = h$

$\Rightarrow x \to x_0 \Leftrightarrow h \to 0$

$$f'(x_0) = \lim_{h \to 0} \frac{f(x_0 + h) - f(x_0)}{h}$$

☞ $f'(x) = \dfrac{df(x)}{dx} = \dfrac{dy}{dx} = \lim\limits_{h \to 0} \dfrac{f(x+h) - f(x)}{h}$

Example:

f: R → R,

$f'(x) = x^3 - 4x^2 + 2x - 3 \Rightarrow f'(2) = ?$

Solution:

$$f'(2) = \lim_{x \to 2} \frac{f(x) - f(2)}{x - 2} = \lim_{x \to 2} \frac{x^3 - 4x^2 + 2x - 3 + 7}{x - 2}$$

$$f'(2) = \lim_{x \to 2} \frac{x^3 - 4x^2 + 2x + 4}{x - 2}$$

$$= \lim_{x \to 2} \frac{(x-2)(x^2-2x-2)}{x-2}$$

$$f'(2) = \lim_{x \to 2}(x^2 - 2x - 2) = 4 - 4 - 2 = -2$$

$$f'(2) = -2$$

Example:

$$f: R \to R, f(x) = x^2 - 4x + 4 \Rightarrow f'(x) = \frac{df(x)}{dx} = ?$$

Solution:

$$f'(x) = \lim_{h \to 0} \frac{f(x+h) - f(x)}{h}$$

$$f'(x) = \lim_{h \to 0} \frac{(x^2 + 2hx + h^2) - (4x + 4h) + 4 - x^2 + 4x - 4}{h}$$

$$f'(x) = \lim_{h \to 0} \frac{h(2x - 4 + h)}{h} = 2x - 4$$

$$f'(x) = x^2 - 4x + 4 \Rightarrow f'(x) = 2x - 4$$

RULES FOR TAKING DERIVATIVE

1. $f(x) = c \Rightarrow f'(x) = 0 \ (c \in R)$

2. $f(x) = x^n \Rightarrow f'(x) = n \cdot x^{n-1}$

3. $(f(x) \cdot g(x))' = (f'(x) \cdot g(x)) + (f(x) \cdot g'(x))$

4. $(f(x) \pm g(x))' = f'(x) \pm g'(x)$

5. $\left(\dfrac{f(x)}{g(x)}\right)' = \dfrac{f'(x) \cdot g(x) - f(x) \cdot g'(x)}{(g(x))^2}$

6. $(k \cdot f(x))' = k \cdot f'(x) \ (k \in R)$

7. $(f^m(x))' = m \cdot f^{m-1}(x) \cdot f'(x)$

8. $\left(\sqrt[n]{f(x)}\right)' = \dfrac{f'(x)}{n \cdot \sqrt[n]{f^{n-1}(x)}}$

9. $\left(\sqrt{f(x)}\right)' = \dfrac{f'(x)}{2 \cdot \sqrt{f(x)}}$

10. $|f(x)|' = \dfrac{f'(x) \cdot |f(x)|}{f(x)}$

$|f(x)|' = \begin{cases} f'(x), & f(x) > 0 \\ -f'(x), & f(x) < 0 \end{cases}$

11. $(f(u(x)))' = u'(x) \cdot f'(u(x))$

Examples:

1. $f(x) = 5 \Rightarrow f'(x) = 0$
2. $f(x) = x \Rightarrow f'(x) = 1$
3. $f(x) = 7x \Rightarrow f'(x) = 7$
4. $f(x) = x^7 \Rightarrow f'(x) = 7x^6$
5. $f(x) = -3x^5 \Rightarrow f'(x) = -15x^4$

6. $f(x) = 2x^3 - 5x^2 + 6x - 7 \Rightarrow f'(x) = 6x^2 - 10x + 6$

7. $f(x) = (x^2 + 2) \cdot (x^3 + x + 1)$

   $f'(x) = 2x \cdot (x^3 + x + 1) + (x^2 + 2) \cdot (3x^2 + 1)$

8. $f(x) = \dfrac{x}{x^2 + 3} \Rightarrow f'(x) = \dfrac{1(x^2 + 3) - 2x(x)}{(x^2 + 3)^2}$

   $= \dfrac{x^2 + 3 - 2x^2}{(x^2 + 3)^2} = \dfrac{3 - x^2}{(x^2 + 3)^2}$

9. $f(x) = \sqrt[5]{x^2 + 2x + 3} \Rightarrow f(x) = (x^2 + 2x + 3)^{1/5}$

   $\Rightarrow f'(x) = (2x + 2) \cdot \dfrac{1}{5}(x^2 + 2x + 3)^{-4/5}$

   $\Rightarrow f'(x) = \dfrac{2(x + 1)}{5 \cdot \sqrt[5]{(x^2 + 2x + 3)^4}}$

10. $f(x) = |x^2 - 5x + 6|$

    $f'(2)$ and $f'(3)$ do not exist because $g(2) = 0$ and $g(3) = 0$

    $f'(1) = ? \Rightarrow f'(x) = 2x - 5 = -3$

DERIVATIVE OF CLOSED FUNCTIONS

$F(x, y) = 0 \Rightarrow \dfrac{dy}{dx} = -\dfrac{F'_x(x, y)}{F'_y(x, y)}$

$F'x$: derivative of F with respect to x

$F'y$: derivative of F with respect to y

Example:

$$F(x, y) = x^4 \cdot y^3 + 2x^3 + 4xy = 0 \Rightarrow y = \frac{dy}{dx} = ?$$

Solution:

$$4x^3 \cdot y^3 + 3y^2 \cdot x^4 \cdot y' + 6x^2 + 4y + 4x \cdot y' = 0$$

$$y'(3x^4 \cdot y^2 + 4x) = -(4x^3 \cdot y^3 + 6x^2 + 4y)$$

$$y' = -\frac{4x^3 \cdot y^3 + 6x^2 + 4y}{3x^4 \cdot y^2 + 4x}$$

DERIVATIVE OF COMBINING FUNCTIONS

$$(gof)'(x) = g'(f(x)) \cdot f'(x)$$

Example:

$f(x) = 4x^2 + 2$

$g(x) = x^3 - 3$

$\Rightarrow (gof)'(x) = ?$

Solution:

$(gof)'(x) = (4x^2 + 2)^3 - 3$

$(gof)'(x) = 3(4x^2 + 2)^2 \cdot 8x$

$\qquad\qquad = 12(2x + 1)^2 \cdot 8x$

$\qquad\qquad = 96x \cdot (2x + 1)^2$

DERIVATIVE OF PARAMETRIC FUNCTIONS

$\begin{cases} x = f(t) \\ y = g(t) \end{cases} \Rightarrow \dfrac{dy}{dx} = \dfrac{dy}{dt} \cdot \dfrac{dt}{dx} = \dfrac{\frac{dy}{dt}}{\frac{dx}{dt}}$

Example:

$\begin{cases} x = 6t - 3t^2 \\ y = 4t^3 + 3t^2 \end{cases} \Rightarrow \left.\dfrac{dy}{dx}\right|_{t=2} = ?$

Solution:

$f'(x) = \dfrac{dy}{dx} = \dfrac{dy}{dt} \cdot \dfrac{dt}{dx}$

$$f'(x) = (12t^2 + 6t) \cdot \frac{1}{6 - 6t}$$

$$f'(x) = 6(2t^2 + t) \cdot \frac{1}{6(1 - t)}$$

$$t = 2 \Rightarrow$$

$$x = 12 - 12 = 0$$

$$f'(0) = (8 + 2) \cdot \frac{1}{6(-1)} = -\frac{5}{3}$$

☞ $\begin{cases} x = f(t) \\ y = g(t) \end{cases} \Rightarrow \frac{d^2y}{dx^2} = \frac{d^2y}{dx^2} = \frac{d}{dt}\left(\frac{dy}{dx}\right) \cdot \frac{dt}{dx}$

Example:

$\begin{cases} x = 3t^2 + 3t \\ y = t^3 - 3t \end{cases} \Rightarrow \frac{d^2y}{dx^2}\bigg|_{t=1} = ?$

Solution:

$$\frac{dy}{dx} = \frac{\frac{dy}{dt}}{\frac{dx}{dt}} = \frac{3t^2 - 3}{6t + 3} = \frac{t^2 - 1}{2t + 1}$$

$$\frac{d^2y}{dx^2} = \frac{d}{dt}\left(\frac{dy}{dx}\right) \cdot \frac{dt}{dx}$$

$$\frac{d^2y}{dx^2} = \frac{2t(2t + 1) - 2(t^2 - 1)}{(2t + 1)^2} \cdot \frac{1}{6t + 3}$$

$$t = 1 \Rightarrow \frac{d^2y}{dx^2} = \frac{2 \cdot 3 - 2 \cdot 0}{(3)^2} \cdot \frac{1}{9}$$

$$\frac{d^2y}{dx^2} = \frac{6}{81} = \frac{2}{27}$$

DERIVATIVE OF TRIGONOMETRIC FUNCTIONS

$f(x) = \sin x \Rightarrow f'(x) = \cos x$

$f(x) = \sin(u(x)) \Rightarrow f'(x) = u'(x) \cdot \cos(u(x))$

$f(x) = \sin^n(u(x)) \Rightarrow f'(x) = n \cdot u'(x) \cdot \sin^{n-1}(u(x)) \cdot \cos(u(x))$

$f(x) = \cos x \Rightarrow f'(x) = -\sin x$

$f(x) = \cos(u(x)) \Rightarrow f'(x) = -u'(x) \cdot \sin(u(x))$

$f(x) = \cos^n(u(x)) \Rightarrow f'(x) = -n(u'(x) \cdot \cos^{n-1}(u(x)) \cdot \sin(u(x))$

Example:

1. $f(x) = \sin^3(x^2 + x)$
   $\Rightarrow f'(x) = 3(2x + 1) \cdot \sin^2(x^2 + x) \cdot \cos(x^2 + x)$
2. $f(x) = \cos^4(3x) \Rightarrow f'(x) = -4 \cdot 3 \cos^3(3x) \cdot \sin(3x)$
   $\Rightarrow f'(x) = -12 \cos^3(3x) \cdot \sin(3x)$

$f(x) = \tan x \Rightarrow f'(x) = (1 + \tan^2 x) = \sec^2 x$

$f(x) = \tan(u(x)) \Rightarrow f'(x) = u'(x)\left(1 + \tan^2(u(x))\right)$
$\qquad = u'(x) \cdot \sec^2(u(x))$

$f(x) = \tan^n(u(x))$
$f'(x) = n \cdot u'(x) \cdot \tan^{n-1}(u(x))(1 + \tan^2(u(x))$
$\qquad = n \cdot u'(x) \tan^{n-1}(u(x)) \cdot \sec^2(u(x))$

Examples:

1. $f(x) = \tan 6x \Rightarrow f'(x) = 6(1 + \tan^2 6x) = 6 \sec^2 6x$
2. $f(x) = \tan^3(x^2 - 1)$
   $\Rightarrow f'(x) = 3 \cdot 2x \tan^2(x^2 - 1) \cdot \left(1 + \tan^2(x^2 - 1)\right)$
   $\Rightarrow f'(x) = 6x \tan^2(x^2 - 1) \cdot \sec^2(x^2 - 1)$

$f(x) = \cot x \Rightarrow f'(x) = -(1 + \cot^2 x) = -\csc^2 x$

$f(x) = \cot(u(x)) \Rightarrow f'(x) = -u'(x)\left(1 + \cot^2(u(x))\right)$

$f'(x) = -u'(x) \cdot \csc^2(u(x))$

$f(x) = \cot^n(u(x)) \Rightarrow f'(x) =$

$$-n(u'(x))\cot^{n-1}(u(x)) \cdot (1 + \cot^2(u(x)))$$
$$\Rightarrow f'(x) = -n \cdot (u'(x))\cot^{n-1}(u(x)) \cdot \csc^2(u(x))$$

Examples:

1. $f(x) = \cot 4x \Rightarrow f'(x) = -4(1 + \cot^2 4x) = -4\csc^2 4x$
2. $f(x) = \cot^2(x^2 + 3x)$
$\Rightarrow f'(x) = -2(2x+3) \cdot \cot(x^2 + 3x)(1 + \cot^2(x^2 + 3x))$
$\Rightarrow f'(x) = -2(2x+3) \cdot \cot(x^2 + 3x) \cdot \csc^2(x^2 + 3x)$

DERIVATIVE OF INVERSE TRIGONOMETRIC FUNCTIONS

$f(x) = \arcsin x \Rightarrow f'(x) = \dfrac{1}{\sqrt{1-x^2}}$

$f(x) = \arcsin(u(x)) \Rightarrow f'(x) = \dfrac{u'(x)}{\sqrt{1-(u(x))^2}}$

$f(x) = \arccos x \Rightarrow f'(x) = \dfrac{-1}{\sqrt{1-x^2}}$

$f(x) = \arccos(u(x)) \Rightarrow f'(x) = \dfrac{-u'(x)}{\sqrt{1-(u(x))^2}}$

$f(x) = \arctan x \Rightarrow f'(x) = \dfrac{1}{1+x^2}$

$f(x) = \arctan(u(x)) \Rightarrow f'(x) = \dfrac{u'(x)}{1+(u(x))^2}$

$f(x) = \text{arccot}\, x \Rightarrow f'(x) = \dfrac{-1}{1+x^2}$

$f(x) = \text{arccot}(u(x)) \Rightarrow f'(x) = \dfrac{-u'(x)}{1+(u(x))^2}$

Examples:

1. $f(x) = \arctan(x^2 + 2x) - \arccos(2x) \Rightarrow \mathbf{f'(0)} = ?$

$f'(x) = \dfrac{2x+2}{1+(x^2+2x)^2} - \dfrac{-2x}{\sqrt{1-(2x)^2}}$

$f'(x) = \dfrac{2(x+1)}{1+(x^2+2x)^2} + \dfrac{2x}{\sqrt{1-4x^2}}$

$$f'(0) = \frac{2(0+1)}{1+0^2} + \frac{2 \cdot 0}{\sqrt{1-0}} \Rightarrow f'(0) = 2$$

2. $f(x) = \text{arccot}(x^2 + 2x) - (\arcsin x)^2 \Rightarrow f'\left(\frac{1}{2}\right) = ?$

$$f'(x) = \frac{-(2x+2)}{1+(x^2+2x)^2} - \frac{1}{\sqrt{1-x^2}} \cdot 2\arcsin x$$

$$f'\left(\frac{1}{2}\right) = \frac{-\left(2 \cdot \frac{1}{2}+2\right)}{1+\left(\frac{1}{4}+2 \cdot \frac{1}{2}\right)^2} - \frac{1}{\sqrt{1-\frac{1}{4}}} \cdot 2\arcsin\frac{1}{2}$$

$$f'\left(\frac{1}{2}\right) = \frac{-3}{1+\frac{25}{16}} - \frac{2}{\sqrt{3}} \cdot 2 \cdot \frac{\pi}{6}$$

$$= \frac{-48}{41} - \frac{2\sqrt{3}\,\pi}{9} = -\frac{432 + 82\sqrt{3}\,\pi}{369}$$

DERIVATIVE OF LOGARITHMIC FUNCTIONS

$$f(x) = \log_a x \Rightarrow f'(x) = \frac{1}{x \cdot \ln a} = \frac{1}{x} \cdot \log_a e$$

$$f(x) = \log_a(u(x)) \Rightarrow f'(x) = \frac{u'(x)}{u(x) \cdot \ln a} = \frac{u'(x)}{u(x)} \cdot \log_a e$$

$$f(x) = \ln x \Rightarrow f'(x) = \frac{1}{x}$$

$$f(x) = \ln(u(x)) \Rightarrow f'(x) = \frac{u'(x)}{u(x)}$$

Examples:

1. $f(x) = \log_5(x^2 + 4x) \Rightarrow \mathbf{f'(2) = ?}$

$$f'(x) = \frac{2x + 4}{x^2 + 4x} \log_5 e \Rightarrow f'(2) = \frac{8}{12} \cdot \log_5 e$$

$$\Rightarrow f'(2) = \frac{2}{3} \cdot \log_5 e$$

2. $f(x) = \ln(x^3 + 6x) \Rightarrow \mathbf{f'(1) = ?}$

$$f'(x) = \frac{3x^2 + 6}{x^3 + 6x} \Rightarrow f'(1) = \frac{3 \cdot 1 + 6}{1 + 6} = \frac{9}{7}$$

DERIVATIVE OF EXPONENTIAL FUNCTIONS

$f(x) = e^x \Rightarrow f'(x) = e^x$

$f(x) = e^{u(x)} \Rightarrow f'(x) = u'(x) \cdot e^{u(x)}$

$$f(x) = a^x \Rightarrow f'(x) = a^x \cdot \ln a = \frac{1}{\log_a e} \cdot a^x$$

$$f(x) = a^{u(x)} \Rightarrow f'(x) = u'(x) \cdot a^{u(x)} \cdot \ln a = \frac{u'(x)}{\log_a e} a^{u(x)}$$

Examples:

1. $f(x) = e^{\ln x} \Rightarrow \mathbf{f'(e) = ?}$

$f(x) = e^{\ln x} \Rightarrow f'(x) = \frac{1}{x} \cdot e^{\ln x}$

$f'(e) = \frac{1}{e} \cdot e^{\ln e} = \frac{1}{e} \cdot e = 1$

2. $f(x) = 5^{x^2+4} \Rightarrow \mathbf{f'(x) = ?}$

$f'(x) = 2x \cdot 5^{x^2+4} \cdot \ln 5$

HIGHER ORDER DERIVATIVES

$y' = f'(x)$ 1. 1st order derivative

$y'' = f''(x)$ 2. 2nd order derivative

$y''' = f'''(x)$ 3. 3rd order derivative

.
.
.

$y^{(n)} = f^{(n)}(x)$ n. n^{th} order derivative

Example:

$f(x) = x^3 + 4x^2 - 2x + 6 \Rightarrow \mathbf{f'''(x) = ?}$

Solution:

$f'(x) = 3x^2 + 8x - 2 \Rightarrow f''(x) = 6x + 8 \Rightarrow f'''(x) = 6$

Example:

$f(x,y) = x^2 + y^2 - 9 = 0 \Rightarrow \mathbf{f''(x,y) = ?}$

Solution:

$y' = f'(x) = \dfrac{-2x}{2y} = \dfrac{-x}{y}$

$y'' = f''(x) = \dfrac{-1 \cdot y - xy'}{y^2}$

$= \dfrac{-y + x\left(\dfrac{-x}{y}\right)}{y^2} = \dfrac{-y^2 - x^2}{y^3}$

$= -\dfrac{x^2 + y^2}{y^3}$

L´ HOSPITAL RULE

If $\lim\limits_{x \to x_0} \dfrac{f(x)}{g(x)}$ is equal to $\dfrac{0}{0}$ or $\dfrac{\infty}{\infty}$, derivatives of numerator and denominator are taken separately

$$\lim_{x \to x_0} \frac{f(x)}{g(x)} = \lim_{x \to x_0} \frac{f'(x_0)}{g'(x_0)}$$

If the limit $\lim\limits_{x \to x_0} \dfrac{f'(x_0)}{g'(x_0)}$ regives the same uncertainity , apply the rule again, that is, take the 2nd derivative.

Examples:

1. $\lim\limits_{x \to 8} \dfrac{\sqrt{x} - 2\sqrt{2}}{\sqrt[3]{x} - 2} = \lim\limits_{x \to 8} \dfrac{\sqrt{8} - 2\sqrt{2}}{\sqrt[3]{x} - 2}$

$= \dfrac{2\sqrt{2} - 2\sqrt{2}}{2 - 2} = \dfrac{0}{0}$

$\lim\limits_{x \to 8} \dfrac{(\sqrt{x} - 2\sqrt{2})}{(\sqrt[3]{x} - 2)} = \lim\limits_{x \to 8} \dfrac{\frac{1}{2\sqrt{x}}}{\frac{1}{3 \cdot \sqrt[3]{x^2}}}$

$= \dfrac{1}{2\sqrt{8}} \cdot \dfrac{3\sqrt[3]{8}}{1} = \dfrac{3\sqrt{2}}{4}$

2. $\lim\limits_{x \to 0} = \dfrac{e^{\ln x} - e}{\ln(\ln x)}$

$= \lim\limits_{x \to 0} \dfrac{e^{\ln} - e}{\ln(\ln x)}$

$= \dfrac{e - e}{\ln(\ln e)} = \dfrac{0}{\ln 1} = \dfrac{0}{0}$

$\lim\limits_{x \to 0} \dfrac{e^{\ln x} - e}{\ln(\ln x)}$

$$= \lim_{x \to 0} \frac{\frac{1}{x} e^{\ln x}}{\frac{1}{x} \cdot \frac{1}{\ln x}} = \frac{\frac{1}{e}}{\frac{1}{e} \cdot 1} = e$$

TEST WITH SOLUTIONS

1. $f(x) = 2x^3 - 5x^2 + 4x - 7 \Rightarrow f'(x) = ?$

A) $3x^2 - 5x - 4 - 7$ B) $6x^2 - 10x + 4$ C) $6x^2 - 10x$

D) $3x^2 - 5x + 4$ E) $x^3 - x^2 + 4$

Solution:

$f(x) = 2x^3 - 5x^2 + 4x - 7$

$f(x) = 6x^2 - 10x + 4$

Correct Answer - B

2. $f(x) = (x^2 - 1) \cdot (2x^2 - 3x + 1) \Rightarrow f'(2) = ?$

A) 21 B) 24 C) 27 D) 30 E) 33

Solution:

$f'(x) = (x^2 - 1)' \cdot (2x^2 - 3x + 1) + (2x^2 - 3x + 1)' \cdot (x^2 - 1)$

$= 2x \cdot (2x^2 - 3x + 1) + (4x - 3) \cdot (x^2 - 1)$

$f'(2) = 2 \cdot 2(2 \cdot 2^2 - 3 \cdot 2 + 1) + (4 \cdot 2 - 3) \cdot (2^2 - 1)$

$= 4 \cdot (8 - 6 + 1) + (8 - 3) \cdot (4 - 1)$

$= 4 \cdot 3 + 5 \cdot 3$

$= 12 + 15$

$= 27$

Correct Answer - C

3. $f(x) = \dfrac{x^2 - 3}{3x + 1} \Rightarrow f'(-1) = ?$

A) 1 B) $\dfrac{3}{2}$ C) 2 D) $\dfrac{5}{2}$ E) 3

Solution:

$f'(x) = \dfrac{(x^2 - 3)'(3x + 1) - (3x + 1)' \cdot (x^2 - 3)}{(3x + 1)}$

$f'(x) = \dfrac{2 \cdot x(3x + 1) - 3 \cdot (x^2 - 3)}{(3x + 1)^2}$

$f'(x) = \dfrac{6x^2 + 2x - 3x^2 + 9}{(3x + 1)^2}$

$$f'(-1) = \frac{3 \cdot (-1)^2 + 2 \cdot (-1) + 9}{(3 \cdot (-1) + 1)^2}$$

$$= \frac{3 - 2 + 9}{(-2)^2}$$

$$= \frac{10}{4}$$

$$= \frac{5}{2}$$

Correct Answer - D

4. $f(x) = \dfrac{x^3 - 1}{x} \Rightarrow f'(x) = ?$

A) $3x + \dfrac{1}{x}$ B) $2x + \dfrac{1}{x^2}$ C) $3x - \dfrac{1}{x^2}$

D) $4x + \dfrac{1}{x^2}$ E) $3x + \dfrac{1}{x^2}$

Solution:

$$f(x) = \frac{x^3 - 1}{x}$$

$$f(x) = \frac{x^3}{x} - \frac{1}{x}$$

$$f(x) = x^2 - x^{-1}$$

$$f'(x) = 2x + x^{-2}$$

$$f'(x) = 2x + \frac{1}{x^2}$$

Correct Answer - B

5. $f(x) = (x^4 - 2x)^5 \Rightarrow f'(1) = ?$

A) 10   B) 12   C) 14   D) 16   E) 18

Solution:

$f(x) = (x^4 - 2x)^5$

$f'(x) = 5 \cdot (x^4 - 2x)^4 \cdot (x^4 - 2x)'$

$\quad\ \ = 5 \cdot (x^4 - 2x)^4 \cdot (4x^3 - 2)$

$f'(1) = 5 \cdot (1^4 - 2 \cdot 1)^4 \cdot (4 \cdot 1^3 - 2)$

$\quad\ \ = 5 \cdot (-1)^4 \cdot 2$

$\quad\ \ = 5 \cdot 1 \cdot 2$

$\quad\ \ = 10$

Correct Answer - A

6. $f(x) = \sqrt[3]{x^2 - 3} \Rightarrow f'(2) = ?$

A) $\dfrac{1}{5}$ B) $\dfrac{4}{3}$ C) $\dfrac{1}{2}$ D) 1   E) 2

Solution:

$f(x) = \sqrt[3]{x^2 - 3} = (x^2 - 3)^{1/3}$

$f'(x) = \dfrac{1}{3}(x^2 - 3)^{-2/3} \cdot (x^2 - 3)'$

$f'(x) = \dfrac{1}{3}(x^2 - 3)^{-2/3} \cdot (2x)$

$$f'(2) = \frac{1}{3} \cdot (2^2 - 3)^{-2/3} \cdot 2 \cdot 2$$

$$= \frac{1}{3} \cdot 1 \cdot 2 \cdot 2$$

$$= \frac{4}{3}$$

Correct Answer - B

7. $x^2 + 2xy - y^2 = 0 \Rightarrow \dfrac{dy}{dx} = ?$

A) $\dfrac{x-y}{y}$ B) $\dfrac{y-x}{x+y}$ C) $\dfrac{x+y}{y-x}$

D) $\dfrac{x+y}{x-y}$ E) $\dfrac{x-y}{x+y}$

Solution:

$$x^2 + 2xy - y^2 = 0$$

$$\frac{dy}{dx} = -\frac{2x + 2y}{2x - 2y}$$

$$= -\frac{2 \cdot (x+y)}{2 \cdot (x-y)}$$

$$= \frac{x+y}{y-x}$$

Correct Answer - C

8. $f(4) = -3, f'(4) = 2$ and $g'(-3) = -5$

⇒ $(gof)'(4) = ?$

A) -16 B) -14 C) -12 D) -10 E) -8

Solution:

$(gof)'(x) = g'(f(x)) \cdot f'(x)$

$(gof)'(4) = g'(f(4)) \cdot f'(4)$

$\qquad = g'(-3) \cdot 2$

$\qquad = (-5) \cdot 2$

$\qquad = -10$

Correct Answer - D

9. $y = 3x^2 - 1, z = 2y^3 + 4 \Rightarrow \dfrac{dz}{dx} = ?$

A) $36x(3x^2 - 1)^2$ B) $6x \cdot (3x^2 - 1)^2$ C) $36 \cdot (x^2 - 1)^2$

D) $x(3x^2 - 1)^2$ E) $18x(3x^2 - 1)$

Solution:

$\dfrac{dz}{dx} = \dfrac{dz}{dy} \cdot \dfrac{dy}{dx}$

$\qquad = 6y^2 \cdot 6x$

$\qquad = 36 \cdot y^2 \cdot x$

$\qquad = 36x \cdot (3x^2 - 1)^2 \cdot x$

Correct Answer - A

10. $\begin{cases} x = 4t - t^2 \\ y = 2t^2 + t \end{cases} \Rightarrow \dfrac{dy}{dx} = ?$

A) $\dfrac{2t + 4}{4t - 2}$ B) $\dfrac{4t - 1}{2t + 4}$ C) $\dfrac{4t + 1}{4 - 2t}$

D) $\dfrac{2t - 4}{4t + 1}$ E) $\dfrac{t^2 - 1}{4 + 2t}$

Solution:

$$\frac{dy}{dx} = \frac{\frac{dy}{dt}}{\frac{dx}{dt}}$$

$$= \frac{4t + 1}{4 - 2t}$$

Correct Answer - C

11. $f(x) = \sin(3x + 2) \Rightarrow f'(x) = ?$

A) $-2\cos(3x + 2)$ B) $2\cos(3x + 2)$ C) $2\sin(3x + 2)$

D) $3 \cdot \cos(3x + 2)$ E) $-3 \cdot \cos(3x + 2)$

Solution:

$f(x) = \sin(3x + 2)$

$f'(x) = \cos(3x + 2) \cdot 3$

$= 3 \cdot \cos(3x + 2)$

Correct Answer - D

12. $f(x) = \cos^2(3x) \Rightarrow f'\left(\dfrac{\pi}{6}\right) = ?$

A) $-\dfrac{1}{4}$ B) $-\dfrac{1}{2}$ C) 0   D) $\dfrac{1}{2}$ E) $\dfrac{1}{4}$

Solution:

$f(x) = \cos^2(3x)$

$f'(x) = 2\cos(3x) \cdot ((\cos 3x))'$

$\qquad = 2 \cdot \cos(3x) \cdot (-\sin(3x) \cdot 3)$

$\qquad = -6 \cdot \cos 3x \cdot \sin 3x$

$\qquad = -3 \cdot 2 \cdot \sin(3x) \cdot \cos(3x),$

$\sin 2\alpha = 2 \cdot \sin \alpha \cos \alpha$

$\qquad = -3 \cdot \sin(6x)$

$f'\left(\dfrac{\pi}{6}\right) = -3 \cdot \sin\left(6 \cdot \dfrac{\pi}{6}\right)$

$\qquad = -3 \cdot \sin(\pi)$

$\qquad = -3 \cdot 0$

$\qquad = 0$

Correct Answer - C

13. $f(x) = \tan 4x + \cot 2x \Rightarrow f'\left(\dfrac{2\pi}{3}\right) = ?$

A) $\dfrac{32}{3}$ B) 11   C) $\dfrac{35}{3}$ D) 13   E) $\dfrac{40}{3}$

Solution:

$f(x) = \tan 4x + \cot 2x$

$f'(x) = (1 + \tan^2 4x) \cdot 4 - (1 + \cot^2 2x) \cdot 2$

$f'\left(\dfrac{2\pi}{3}\right) = \left(1 + \tan^2 \dfrac{8\pi}{3}\right) \cdot 4 - (1 + \cot^2 2x) \cdot 2$

$= \left(1 + \tan^2 \dfrac{2\pi}{3}\right) \cdot 4 - \left(1 + \cot^2 \dfrac{4\pi}{3}\right) \cdot 2$

$= \left(1 + (-\sqrt{3})^2\right) \cdot 4 - \left(1 + \left(\dfrac{1}{\sqrt{3}}\right)^2\right) \cdot 2$

$= (1 + 3) \cdot 4 - \left(1 + \dfrac{1}{3}\right) \cdot 2$

$= 16 - \dfrac{8}{3}$

$= \dfrac{40}{3}$

Correct Answer - E

14. $f(x) = \sin^3 2x \quad \Rightarrow \quad f'\left(\dfrac{\pi}{4}\right) = ?$

A) $-\dfrac{\sqrt{3}}{2}$ B) $-\dfrac{1}{2}$ C) 0   D) $\dfrac{1}{2}$ E) $\dfrac{\sqrt{3}}{2}$

Solution:

$f(x) = \sin^3 2x$

$f'(x) = 3 \cdot \sin^2 2x \cdot \cos 2x \cdot 2$

$f'\left(\dfrac{\pi}{4}\right) = 3 \cdot \sin^2 \dfrac{\pi}{2} \cdot \cos \dfrac{\pi}{2} \cdot 2$

$= 0$

Correct Answer - C

15. $f(x) = \arctan(x^2 - 1) \Rightarrow \mathbf{f'(2)} = ?$

A) $\dfrac{2}{5}$ B) $\dfrac{3}{5}$ C) $\dfrac{4}{5}$ D) 1 E) $\dfrac{6}{5}$

Solution:

$f'(x) = \dfrac{2x}{1 + (x^2 - 1)^2}$

$f'(2) = \dfrac{4}{1 + (2^2 - 1)^2}$

$= \dfrac{4}{10} = \dfrac{2}{5}$

Correct Answer - A

16. $f(x) = \arctan x + (\arccos x)^2 \Rightarrow \mathbf{f'(0)} = ?$

A) $1 + \pi$ B) $1 - \pi$ C) $2 + \pi$

D) $2 - \pi$ E) $3 + \pi$

Solution:

$f(x) = \arctan x + (\arccos x)^2$

$f'(x) = \dfrac{1}{1+x^2} + 2\cdot(\arccos x)\cdot\left(-\dfrac{1}{\sqrt{1+x^2}}\right)$

$f'(0) = \dfrac{1}{1+0} + 2\cdot(\arccos 0)\cdot\left(-\dfrac{1}{\sqrt{1+0}}\right)$

$f'(0) = 1 + 2\cdot\dfrac{\pi}{2}\cdot(-1)$

$ = 1 - \pi$

Correct Answer - B

17. $f(x) = \ln(x^2 + 3x) \quad \Rightarrow \quad f'(x) = ?$

A) $\dfrac{2x+2}{x^2+2x}$ B) $\dfrac{2}{x+3x^2}$ C) $\dfrac{2x+3}{x^2+3x}$

D) $\dfrac{2x+3}{x+3}$ E) $\dfrac{2x}{x^2+3}$

Solution:

$f'(x) = \dfrac{2x+3}{x^2+3x}$

Correct Answer - C

18. $f(x) = \ln(\cos x) \quad \Rightarrow \quad f'(x) = ?$

A) $\sin x$ B) $\cot x$ C) $-\cot x$

D) $-\tan x$ E) $\tan x$

Solution:

$f(x) = \ln(\cos x)$

$f'(x) = \dfrac{-\sin x}{\cos x}$

$f'(x) = -\tan x$

Correct Answer - D

19. $f(x) = \log_5(x^2 - 2) \quad \Rightarrow \quad f'(5) = ?$

A) $\dfrac{13}{5 \ln 5}$ B) $\dfrac{23}{2 \cdot \ln 5}$ C) $\dfrac{13}{\ln 5}$

D) $\dfrac{2}{5 \cdot \ln 5}$ E) $\dfrac{10}{23 \cdot \ln 5}$

Solution:

$f(x) = \log_5(x^2 - 2)$

$f'(x) = \dfrac{2x}{(x^2 - 2) \cdot \ln 5}$

$f'(5) = \dfrac{2 \cdot 5}{(5^2 - 2) \cdot \ln 5}$

$= \dfrac{10}{23 \cdot \ln 5}$

Correct Answer - E

20. $f(x) = \ln(\operatorname{cosec} x + \cot x) \quad \Rightarrow \quad f'(x) = ?$

A) $\dfrac{\cot x + \sin x}{\sin x - 1}$ B) $\dfrac{\sin x}{\sin x - 1}$ C) $\dfrac{\cos x}{\cos x - 1}$

D) sec x   E) − cosec x

Solution:

$f(x) = \ln(\cosec x + \cot x)$

$f(x) = \ln\left(\dfrac{1}{\sin x} + \dfrac{\cos x}{\sin x}\right)$

$f(x) = \ln\left(\dfrac{1+\cos x}{\sin x}\right)$

$f'(x) = \dfrac{\left(\dfrac{1+\cos x}{\sin x}\right)'}{\dfrac{1+\cos x}{\sin x}}$

$= \dfrac{\dfrac{-\sin x \cdot \sin x - \cos x \cdot (1+\cos x)}{(\sin x)^2}}{\dfrac{1+\cos x}{\sin x}}$

$= \dfrac{-\sin^2 x - \cos x - \cos^2 x}{\sin^2 x} \cdot \dfrac{\sin x}{1+\cos x}$

$= \dfrac{(-1-\cos x)\cdot \sin x}{\sin^2 x \cdot (1+\cos x)}$

$= \dfrac{-(1+\cos x)\cdot \sin x}{\sin^2 x (1+\cos x)}$

$= -\dfrac{1}{\sin x}$

$= -\cosec x$

Correct Answer - E

21. $f(x) = e^{x^2+1}$ ⇒ $f'(1) = ?$

A) $\dfrac{e^2}{2}$ B) $3e$ C) $2e^2$ D) $2e$ E) $3e^2$

Solution:

$f(x) = e^{x^2+1}$

$f'(x) = e^{x^2+1} \cdot 2x$

$f'(1) = e^2 \cdot 2$

$f'(1) = 2 \cdot e^2$

Correct Answer - C

22. $f(x) = 5^{\cos x}$ ⇒ $f'\left(\dfrac{\pi}{2}\right) = ?$

A) $\ln \dfrac{1}{5}$ B) $\ln 5$ C) $\ln \dfrac{2}{5}$

D) $\ln 25$ E) $\ln \dfrac{3}{5}$

Solution:

$f(x) = 5^{\cos x}$

$f'(x) = 5^{\cos x} \cdot (-\sin x) \cdot \ln 5$

$f'\left(\dfrac{\pi}{2}\right) = 5^{\cos \frac{\pi}{2}} \cdot \left(-\sin \dfrac{\pi}{2}\right) \cdot \ln 5$

$f'\left(\dfrac{\pi}{2}\right) = 5^0 \cdot (-1) \cdot \ln 5$

$\phantom{f'\left(\dfrac{\pi}{2}\right)} = -\ln 5$

$\phantom{f'\left(\dfrac{\pi}{2}\right)} = \ln \dfrac{1}{5}$

Correct Answer - A

23. $f(x) = x^2 + 3x - 5 \Rightarrow f''(x) = ?$

A) 2   B) 3   C) 4   D) 5   E) 6

Solution:

$f(x) = x^2 + 3x - 5$

$f'(x) = 2x + 3$

$f''(x) = 2$

Correct Answer - A

QUESTIONS

1. $f: R \to R, f(x) = \sqrt{x^2 + 4x + 3}$

$\Rightarrow \dfrac{df(x)}{dx} = f'(x) = ?$

A) $\dfrac{2x + 4}{\sqrt{2x + 4}}$ B) $\dfrac{2x + 4}{\sqrt{x^2 + 4x + 3}}$ C) $\dfrac{x + 2}{\sqrt{x^2 + 4x + 3}}$

D) $(x + 2) \cdot \sqrt{x^2 + 4x + 3}$

E) $(x^2 + 4x + 3)\sqrt{2x + 4}$

Solution:

$f(x) = \sqrt{x^2 + 4x + 3}$

$\dfrac{df(x)}{dx} = f'(x) = \dfrac{2x + 4}{2\sqrt{x^2 + 4x + 3}}$

$= \dfrac{2 \cdot (x + 2)}{2 \cdot \sqrt{x^2 + 4x + 3}}$

$$= \frac{x+2}{\sqrt{x^2+4x+3}}$$

Correct Answer - C

2. $f(x) = \dfrac{ax^2 + b}{bx + a} \Rightarrow \dfrac{df(x)}{dx} = f'(x)$

$f'(0) = -4 \Rightarrow \dfrac{b^2}{a^2} = ?$

A) $\dfrac{1}{2}$ B) 1   C) 2   D) 3   E) 4

Solution:

$f(x) = \dfrac{ax^2 + b}{bx + a}$

$\dfrac{df(x)}{dx} = f'(x) = \dfrac{2ax \cdot (bx+a) - b \cdot (ax^2+b)}{(bx+a)^2}$

$f'(0) = \dfrac{2 \cdot a \cdot 0(b \cdot 0 + a) - b \cdot (a \cdot 0 + b)}{(b \cdot 0 + a)^2}$

$= \dfrac{-b^2}{a^2} = -4 \Rightarrow \dfrac{b^2}{a^2} = 4$

Correct Answer - E

3. $f(x) = ax^2 - bx \Rightarrow \dfrac{df(x)}{dx} = f'(x)$

$f'(0) = -3 \Rightarrow \mathbf{f'(b)} = ?$

A) $2a - 3$ B) $3a - 2$ C) $2a + 3$

D) $3a + 2$ E) $6a - 3$

Solution:

$f(x) = ax^2 - bx$

$\dfrac{df(x)}{dx} = f'(x) = 2ax - b$

$f'(0) = 2 \cdot a \cdot 0 - b$

$\quad -b = -3$

$f'(b) = f'(3)$

$\quad\quad = 2 \cdot a \cdot 3 - 3$

$\quad\quad = 6a - 3$

Correct Answer - E

4. $f(x) = \dfrac{\sin x}{1 + \cos x} \Rightarrow \dfrac{\mathbf{df(x)}}{\mathbf{dx}} = \mathbf{f'(x)} = ?$

A) $\dfrac{1}{\cos x + 1}$ B) $\dfrac{\cos x}{1 + \sin x}$ C) $\dfrac{1}{\sin x}$

D) $\cos x$ E) $\sin x$

Solution:

$f(x) = \dfrac{\sin x}{1 + \cos x}$

$\dfrac{df(x)}{dx} = f'(x) = \dfrac{\cos x(1 + \cos x) - (-\sin x) \cdot \sin x}{(1 + \cos x)^2}$

$\quad\quad\quad\quad = \dfrac{\cos x + \cos^2 x + \sin^2 x}{(1 + \cos x)^2}$

$$= \frac{\cos x + 1}{(1 + \cos x)^2}$$

$$= \frac{1}{1 + \cos x}$$

Correct Answer - A

5. $f(x) = 2 \sin x - \cos x \Rightarrow \frac{d}{dx} f\left(\frac{\pi}{4}\right) = f'\left(\frac{\pi}{4}\right) = ?$

A) 2   B) $\frac{3}{2}$ C) $\frac{3\sqrt{2}}{2}$ D) $2\sqrt{2}$ E) $\sqrt{2}$

Solution:

$f(x) = 2 \sin x - \cos x$

$f'(x) = 2 \cdot \cos x - (-\sin x)$

$\qquad = 2 \cos x + \sin x$

$f'\left(\frac{\pi}{4}\right) = 2 \cdot \cos \frac{\pi}{4} + \sin \frac{\pi}{4}$

$\qquad = 2 \cdot \frac{\sqrt{2}}{2} + \frac{\sqrt{2}}{2}$

$\qquad = \frac{3\sqrt{2}}{2}$

Correct Answer - C

6. $f(x) = (2x^3 + 3x^2)e^{-2x} \Rightarrow e^{2x} \frac{df(x)}{2dx} = ?$

A) $3(x^2 + x)$ B) $x^3 + x^2$ C) $3x - 2x^3$

D) $6 \cdot (x^2 + x) \cdot e^{-2x}$ E) $6 \cdot (x^2 + x) \cdot e^{2x}$

Solution:

$f(x) = (2x^3 + 3x^2) \cdot e^{-2x}$

$\dfrac{df(x)}{2dx} = (6x^2 + 6x) \cdot e^{-2x} + e^{-2x} \cdot (-2) \cdot (2x^3 + 3x^2)$

$\phantom{\dfrac{df(x)}{2dx}} = (6x^2 + 6x) \cdot e^{-2x} - 2 \cdot (2x^3 + 3x^2) \cdot e^{-2}$

$\phantom{\dfrac{df(x)}{2dx}} = e^{-2x} \cdot (6x^2 + 6x - 2) \cdot (2x^3 + 3x^2))$

$\phantom{\dfrac{df(x)}{2dx}} = e^{-2x} \cdot (6x^2 + 6x - 4x^3 - 6x^2)$

$\phantom{\dfrac{df(x)}{2dx}} = e^{-2x} \cdot (6x - 4x^3)$

$e^{2x} \cdot \dfrac{df(x)}{2dx} = \dfrac{e^{2x} \cdot e^{-2} \cdot (6x - 4x^3)}{2}$

$\phantom{e^{2x} \cdot \dfrac{df(x)}{2dx}} = \dfrac{6x - 4x^3}{2}$

$\phantom{e^{2x} \cdot \dfrac{df(x)}{2dx}} = \dfrac{2(3x - 2x^3)}{2}$

$\phantom{e^{2x} \cdot \dfrac{df(x)}{2dx}} = 3x - 2x^3$

Correct Answer - C

7. $x = 3 \cdot t^2 + 6 \cdot t, y = 2 \cdot t^3 - 6 \cdot t \Rightarrow \dfrac{dy}{dx} = ?$

A) t   B) t − 1   C) t + 1   D) $\dfrac{t-1}{t+1}$ E) $\dfrac{t+1}{t-1}$

Solution:

$$\begin{cases} x = 3t^2 + 6 \cdot t \\ y = 2t^3 - 6 \cdot t \end{cases} \Rightarrow \frac{dy}{dx} = \frac{\frac{dy}{dt}}{\frac{dx}{dt}}$$

$$= \frac{6 \cdot t^2 - 6}{6 \cdot t + 6}$$

$$= \frac{6 \cdot (t^2 - 1)}{6 \cdot (t + 1)}$$

$$= \frac{(t - 1) \cdot (t + 1)}{t + 1}$$

$$= t - 1$$

Correct Answer - B

8. $x = e^{3t} \cdot \cos t,\ y = e^{3t} \sin t \Rightarrow \dfrac{dy}{dx}\left(\dfrac{\pi}{4}\right) = ?$

A) -4 B) -2 C) 2 D) 3 E) 4

Solution:

$$\begin{cases} x = e^{3t} \cdot \cos t \\ y = e^{3t} \cdot \sin t \end{cases} \Rightarrow \frac{dy}{dx} = \frac{\frac{dy}{dt}}{\frac{dx}{dt}}$$

$$= \frac{e^{3t} \cdot 3 \cdot \sin t + \cos t \cdot e^{3t}}{e^{3t} \cdot 3 \cdot \cos t - \sin t \cdot e^{3t}}$$

$$= \frac{e^{3t} \cdot (3 \sin t + \cos t)}{e^{3t} \cdot (3 \cos t - \sin t)}$$

$$\frac{dy}{dx}\left(\frac{\pi}{4}\right) = \frac{3 \cdot \sin\frac{\pi}{4} + \cos\frac{\pi}{4}}{3 \cdot \cos\frac{\pi}{4} - \sin\frac{\pi}{4}}$$

$$= \frac{3 \cdot \frac{\sqrt{2}}{2} + \frac{\sqrt{2}}{2}}{3 \cdot \frac{\sqrt{2}}{2} - \frac{\sqrt{2}}{2}} = \frac{\frac{4\sqrt{2}}{2}}{\frac{2\sqrt{2}}{2}} = 2$$

Correct Answer - C

9. $f(x) = x \cdot \sqrt{x^2 + 2x - 3} \Rightarrow \sqrt{5}\, f'(2) = ?$

    A) -3 B) -2 C) 8   D) 10   E) 11

Solution:

$f(x) = x \cdot \sqrt{x^2 + 2x - 3}$

$f'(x) = 1 \cdot \sqrt{x^2 + 2x - 3} + \dfrac{2x + 2}{2\sqrt{x^2 + 2x - 3}} \cdot x$

$f'(x) = \sqrt{x^2 + 2x - 3} + \dfrac{2(x + 1) \cdot x}{2\sqrt{x^2 + 2x - 3}}$

$f'(x) = \sqrt{x^2 + 2x - 3} + \dfrac{(x + 1) \cdot x}{\sqrt{x^2 + 2x - 3}}$

$f'(2) = \sqrt{2^2 + 2 \cdot 2 - 3} + \dfrac{(2 + 1) \cdot 2}{\sqrt{2^2 + 2 \cdot 2 - 3}}$

$f'(2) = \sqrt{5} + \dfrac{6}{\sqrt{5}}$

$\sqrt{5} \cdot f'(2) = \sqrt{5} \cdot \left(\sqrt{5} + \dfrac{6}{\sqrt{5}}\right) = 5 + 6 = 11$

Correct Answer - E

10. $x = t + \dfrac{1}{t}$, $y = t^2 - \dfrac{2}{t}$, $t = 2 \Rightarrow \dfrac{dy}{dx} = ?$

A) 6   B) 4   C) 2   D) − 2   E) − 4

Solution:

$$\begin{cases} x = t + \dfrac{1}{t} \\ y = t^2 - \dfrac{2}{t} \end{cases} \Rightarrow \dfrac{dy}{dx} = \dfrac{\frac{dy}{dt}}{\frac{dx}{dt}}$$

$$= \dfrac{2 \cdot t + \dfrac{2}{t^2}}{1 - \dfrac{1}{t^2}}$$

$$= \dfrac{\dfrac{2 \cdot t^3 + 2}{t^2}}{\dfrac{t^2 - 1}{t^2}}$$

$$= \dfrac{2 \cdot t^3 + 2}{t^2 - 1}$$

$$t = 2 \Rightarrow \dfrac{dy}{dx} = \dfrac{2 \cdot 2^3 + 2}{2^2 - 1} = \dfrac{18}{3} = 6$$

Correct Answer - A

11. $\dfrac{1}{\sin 2x} \cdot \dfrac{d}{dx}(\sin^2 x) = ?$

A) sin x   B) cos x   C) cos 2x   D) − 1   E) 1

Solution:

$$\frac{1}{\sin 2x} \cdot \frac{d}{dx}(\sin^2 x) = \frac{1}{\sin 2x} \cdot 2 \cdot \sin x \cdot \cos x$$

$$= \frac{1}{\sin 2x} \cdot \sin 2x$$

$$= 1$$

Correct Answer - E

12. $x = 2t - \frac{1}{2}$, $y = t^2 + 2$ $\Rightarrow$ $\frac{d^2y}{dx^2} = ?$

   A) 1   B) $\frac{1}{2}$ C) $\frac{1}{3}$ D) $\frac{3}{4}$ E) $\frac{7}{5}$

Solution:

$\begin{cases} x = 2 \cdot t - \frac{1}{2} \\ y = t^2 + 2 \end{cases}$ $\Rightarrow$ $\frac{d^2y}{dx^2} = \frac{d}{dx}\left(\frac{dy}{dx}\right)$

$= \frac{d}{dx}\left(\frac{\frac{dy}{dt}}{\frac{dx}{dt}}\right)$

$= \frac{d}{dx}\left(\frac{2 \cdot t}{2}\right)$

$= \frac{d}{dx}(t) = \frac{1}{2}$

Correct Answer - B

13. $y = e^{2t}$, $x = \cos e^{2t}$ $\Rightarrow \dfrac{dy}{dx} = ?$

A) $\cos 2x$ B) $\sin 2x$ C) $\sin x$

D) $\dfrac{1}{\sin(\arcsin x)}$ E) $-\dfrac{1}{\sin(\arccos x)}$

Solution:

$$\dfrac{dy}{dx} = \dfrac{\dfrac{dy}{dt}}{\dfrac{dx}{dt}} = \dfrac{2e^{2 \cdot t}}{-2e^{2 \cdot t} \sin(e^{2 \cdot t})}$$

$$= \dfrac{-1}{\sin(e^{2 \cdot t})} = \dfrac{-1}{\sin(\arccos x)}$$

Correct Answer - E

14. $f(x) = x \cos x$

$\dfrac{d^2 f(x)}{dx^2}\bigg|_{x = \frac{\pi}{2}}$

A) -3 B) -2 C) -1 D) 0 E) 1

Solution:

$$\dfrac{d}{dx}\left(\dfrac{df(x)}{dx}\right) = \dfrac{d}{dx}(\cos x - \sin x \cdot x)$$

$$= -\sin x - (\cos x \cdot x + \sin x)$$

$$= -\sin x - x \cdot \cos x - \sin x$$

$$= -2\sin x - x \cdot \cos x$$

$$x = \frac{\pi}{2} \Rightarrow -2 \cdot \sin\frac{\pi}{2} - \frac{\pi}{2} \cdot \cos\frac{\pi}{2} = -2 \cdot 1 - \frac{\pi}{2} \cdot 0$$

$$= -2$$

Correct Answer - B

15. $f(x) = \dfrac{x^2 - 5x + 6}{x^2 + 5x + 6} \Rightarrow \dfrac{df}{dx}(0) = f'(0) = ?$

A) $-\dfrac{5}{3}$ B) $-\dfrac{2}{3}$ C) $-\dfrac{1}{3}$ D) -2 E) -1

Solution:

$$\frac{df}{dx} = f'(x)$$

$$= \frac{(2x-5)\cdot(x^2+5x+6) - (x^2-5x+6)(2x+5)}{(x^2+5x+6)^2}$$

$$f'(0) = \frac{(-5)\cdot 6 - 6\cdot 5}{6^2} = \frac{-60}{36} = \frac{-5}{3}$$

Correct Answer - A

16. $y = x \cdot e^{-x} + \ln 2 \Rightarrow \dfrac{dy}{dx} = ?$

A) $x \cdot e^{-x}$ $\quad$ B) $e^{-x} - x \cdot e^{-x}$ $\quad$ C) $e^{-x} - x \cdot e^{x} + \dfrac{1}{2}$

D) $e^{-x} + \dfrac{1}{2}$ $\quad$ E) $x \cdot e^{-x} + 2$

Solution:

$\dfrac{dy}{dx} = e^{-x} - x \cdot e^{-x}$

Correct Answer - B

17. $f(x) = \sqrt{x}(x^3 - 3) \Rightarrow \dfrac{df}{dx}(1) = f'(1) = ?$

A) -3 $\quad$ B) -1 $\quad$ C) 0 $\quad$ D) 1 $\quad$ E) 2

Solution:

$\dfrac{df}{dx} = f'(x) = \dfrac{1}{2\sqrt{x}} \cdot (x^3 - 3) + \sqrt{x} \cdot 3x^2$

$f'(1) = -1 + 3 = 2$

Correct Answer - E

18. $f(x) = \ln(\cos x) \Rightarrow \dfrac{df}{dx}\left(\dfrac{\pi}{4}\right) = f'\left(\dfrac{\pi}{4}\right) = ?$

A) 0 $\quad$ B) -1 $\quad$ C) 1 $\quad$ D) $-e$ $\quad$ E) e

Solution:

$$\frac{df}{dx} = f'(x) = \frac{1}{\cos x} \cdot (\cos x)' = \frac{-\sin x}{\cos x} = -\tan x$$

$$f'\left(\frac{\pi}{4}\right) = -\tan\left(\frac{\pi}{4}\right) = -1$$

Correct Answer - B

19. $f(x) = \ln\left(\sqrt{x^3 - 4}\right) \left(f'(x) = \dfrac{df(x)}{dx}\right) \Rightarrow f'(2) = ?$

    A) $\dfrac{3}{2}$ B) $\dfrac{1}{2}$ C) 0   D) 1   E) 2

Solution:

$$f'(x) = \frac{\frac{3x^2}{2\sqrt{x^3 - 4}}}{\sqrt{x^3 - 4}}$$

$$f'(2) = \frac{\frac{12}{4}}{2} = \frac{3}{2}$$

Correct Answer - A

20. $f(x) = (x-2)^4, \left(f''(x) = \dfrac{d^2 f(x)}{dx^2}\right) \Rightarrow f''(3) = ?$

    A) 4   B) 6   C) 8   D) 10   E) 12

Solution:

$f'(x) = 4(x-2)^3$

$f''(x) = 12(x-2)^2$

$f''(3) = 12(3-2)^2 = 12$

Correct Answer - E

21. $f(x) = x \cdot |9 - x^2| \Rightarrow \mathbf{f'(4)} = ?$

    A) 39   B) 28   C) 7   D) -7 E) -39

Solution:

$f(x) = x \cdot |9 - x^2|$

$\Rightarrow f'(x) = 1 \cdot |9 - x^2| + x \cdot \dfrac{(-2x) \cdot |9 - x^2|}{9 - x^2}$

$= 7 + \dfrac{4 \cdot (-8) \cdot 7}{-7} = 39$

Correct Answer - A

22. $f(x) = \ln(\cos e^x) \Rightarrow f'\left(\ln \dfrac{\pi}{4}\right) = ?$

    A) $\dfrac{-\pi}{4}$ B) $\dfrac{-\pi}{2}$ C) $\dfrac{\pi}{4}$ D) $e^{\pi/4}$ E) $e^{\pi/2}$

Solution:

$f(x) = \ln(\cos e^x)$

$\Rightarrow f'(x) = \dfrac{-\sin e^x \cdot (e^x)'}{\cos e^x}$

$\qquad = (-\tan e^x) \cdot (e^x)$

$\qquad = \left(-\tan e^{\left(\ln \frac{\pi}{4}\right)}\right) \cdot (e^{\left(\ln \frac{\pi}{4}\right)})$

$\qquad = -\left(\tan \dfrac{\pi}{4}\right) \cdot \dfrac{\pi}{4}$

$\qquad = -\dfrac{\pi}{4}$

Correct Answer - A

Test 1

1. $f(x) = x^2 + \sqrt{x} \Rightarrow f'(9) = ?$

A) 18 B) $\dfrac{109}{6}$ C) $\dfrac{55}{3}$ D) $\dfrac{37}{2}$ E) $\dfrac{56}{3}$

2. $f(x) = \dfrac{x}{x^2 - 1} \Rightarrow f'(2) = ?$

A) $-\dfrac{7}{9}$ B) $\dfrac{2}{3}$ C) $-\dfrac{5}{9}$ D) $-\dfrac{4}{9}$ E) $-\dfrac{1}{3}$

3. $\begin{cases} x = \ln t \\ y = t^2 \end{cases} \Rightarrow \dfrac{d^2y}{dx^2} = ?$

A) t B) t^2 C) $2t^2$ D) $4t^2$ E) $8t^2$

4. $f(x) = \ln(\cos x + \sin x) \Rightarrow f'(x) = ?$

A) $\dfrac{\cos 2x}{\sin x + \cos x}$ B) $\dfrac{\sin x \cdot \cos x}{\sin x + \cos x}$ C) $\dfrac{\sin x - \cos x}{\cos x + \sin x}$

D) $\dfrac{\cos x - 2\sin x}{\cos x + \sin x}$ E) $\dfrac{\cos x - \sin x}{\cos x + \sin x}$

5. $x^2 - xy - y^2 + 5 = 0 \Rightarrow \dfrac{dy}{dx} = ?$

A) $\dfrac{y-x}{x+2y}$ B) $\dfrac{y-2x}{x+2y}$ C) $\dfrac{y+2x}{x-2y}$

D) $\dfrac{2x-y}{x+2y}$ E) $\dfrac{y+x}{x-2y}$

6. $f(x) = (3-2x)^6 \Rightarrow f'(1) = ?$

A) -12 B) -6 C) -3 D) 3 E) 6

7. $y = \sin^3 x \Rightarrow \dfrac{dy}{dx} = ?$

A) $3\sin^3 x \cdot \cos x$ B) $3\sin^2 x \cdot \cos x$

C) $3\sin x \cdot \cos x$ D) $3\sin^2 x \cdot \tan x$

E) $3\sin x \cdot \cot x$

8. $f(x) = \cos(\sin x) \Rightarrow f'\left(\dfrac{\pi}{2}\right) = ?$

A) $-\dfrac{\sqrt{3}}{2}$ B) $-\dfrac{1}{2}$ C) 0 D) $\dfrac{1}{2}$ E) $\dfrac{\sqrt{3}}{2}$

9. $f(x) = \ln\dfrac{x-a}{x+a} \Rightarrow f'(x) = ?$

A) $\dfrac{2a+2x}{x^2-a^2}$ B) $\dfrac{2x^2}{a^2-x^2}$ C) $\dfrac{2x^2}{x^2-a^2}$

D) $\dfrac{2a}{a^2-x^2}$ E) $\dfrac{2a}{x^2-a^2}$

10. $\dfrac{1}{2\cdot\cos 2x} \cdot \dfrac{d}{dx}(\sin^2 x) = ?$

A) $\dfrac{\cot 2x}{\tan x}$ B) $\dfrac{\cot x}{2}$ C) $\dfrac{\cot 2x}{2}$

D) $\dfrac{\tan 2x}{2}$ E) $\dfrac{\tan x}{2}$

11. $f(x) = e^{\sin x} \Rightarrow f'(0) = ?$

A) $-e^2$ B) $-e$ C) 1 D) e E) e^2

12. $f(x) = 3^{\cos x} \Rightarrow f'\left(\dfrac{\pi}{2}\right) = ?$

A) $-\ln 6$ B) $-\ln 3$ C) $\ln 2$ D) $\ln 3$ E) $\ln 6$

13. $\sin(xy) = x^2 + y^3 \Rightarrow \dfrac{dy}{dx} = ?$

A) $\dfrac{2x - y \cdot \cos(xy)}{x \cdot \cos(xy) - 3y^2}$

B) $\dfrac{2x + y \cdot \sin(xy)}{x \cdot \cos(xy) - 3y^2}$

C) $\dfrac{2x + y \cdot \cos(xy)}{x \cdot \sin(xy) - 3y^2}$

D) $\dfrac{2x - y \cdot \cos(xy)}{x \cdot \cos(xy) + 3y^2}$

E) $\dfrac{2x + y \cdot \cos(xy)}{x \cdot \cos(xy) + 3y^2}$

14. $\begin{cases} x = 2 \cdot \sin t \\ y = 3 \cdot \cos t \end{cases} \Rightarrow \dfrac{d^2y}{dx^2} = ?$

A) $\dfrac{-3}{4\cos^3 t}$ B) $\dfrac{-3}{4\sin t}$ C) $\dfrac{3}{4\tan t}$

D) $\dfrac{3}{4\sin t}$ E) $\dfrac{3\sin t}{4\cos t}$

15. $f(x) = 5^x - 8^x \Rightarrow f'(0) = ?$

A) $\ln\dfrac{3}{8}$ B) $\ln\dfrac{1}{2}$ C) $\ln\dfrac{5}{8}$

D) $\ln\dfrac{3}{4}$ E) $\ln\dfrac{7}{8}$

16. $f(x) = \sqrt[5]{-x^3 + 2x} \Rightarrow f'(-1) = ?$

A) -5 B) $-\dfrac{1}{5}$ C) 1 D) $\dfrac{1}{5}$ E) 5

17. $f(x) = \ln(\cos x) \Rightarrow f'\left(\dfrac{\pi}{3}\right) = ?$

A) $-2\sqrt{3}$ B) $-\sqrt{3}$ C) -1 D) $\sqrt{3}$ E) $2\sqrt{3}$

18. $y = \log_2 x^2 \Rightarrow \dfrac{dy}{dx} = ?$

A) $\dfrac{2+x}{\ln 2}$ B) $\dfrac{2}{x \cdot \ln 2}$ C) $\dfrac{1}{x \ln 2}$

D) $\dfrac{x \cdot \ln 2}{x + \ln 2}$ E) $\dfrac{\ln 2}{x + \ln 2}$

19. $y = (1 - x^2)^3 \Rightarrow \dfrac{d^2y}{dx^2}\bigg|_{x=1} = ?$

A) -36 B) -24 C) -12 D) 0 E) 24

20. $f(x) = \sqrt{1 + x^3} \Rightarrow f'(2) = ?$

A) 2   B) 3   C) 4   D) 5   E) 6

21. $x = f(t) = t^3 - 1$
$y = g(t) = 2t^2 + 2t$
$\Rightarrow \left.\dfrac{dy}{dx}\right|_{t=1} = ?$

A) 1   B) 2   C) 3   D) 4   E) 5

Answers					
1. B	2. C	3. D	4. E	5. D	6. A
7. B	8. C	9. E	10. D	11. C	12. B
13. A	14. A	15. C	16. B	17. B	18. B
19. D	20. A	21. B			

Test 2

1. $f(x) = 2x^3 - 3x^2 - 12x + 20 \Rightarrow f'(-1) + f''(1) = ?$

A) -6 B) -1 C) 0 D) 1 E) 6

2. $f(x) = x^3 + ax^2 + bx + 3$,
$f'(1) = -2, f'(2) = 0 \Rightarrow b = ?$

A) 2 B) 3 C) 5 D) 6 E) 7

3. $y = \dfrac{2x+1}{x-2} \Rightarrow \left.\dfrac{dy}{dx}\right|_{x=3} = ?$

A) -5 B) -4 C) -3 D) 3 E) 4

4. $f(x) = (2x-1)^3 \cdot \ln x \Rightarrow f'(1) = ?$

A) -2 B) -1 C) 0 D) 1 E) 2

5. $f(x) = x \cdot e^x \Rightarrow f'(2) + f''(2) = ?$

A) $6e^2$ B) $7e^2$ C) $\dfrac{1}{6e^2}$ D) $\dfrac{1}{7e^2}$ E) $\dfrac{6}{e^2}$

6. $f(x) = \sqrt{e^x} \cdot \ln(x^2) \Rightarrow f'(1) = ?$

A) $\dfrac{2}{\sqrt{e}}$ B) $\dfrac{4}{\sqrt{e}}$ C) $2\sqrt{e}$ D) $3\sqrt{e}$ E) $4\sqrt{e}$

7. $f(3x - 2) = x^3 - 3x + 1 \Rightarrow f'(4) = ?$

A) 2   B) 3   C) 4   D) 5   E) 6

8. $\begin{cases} f(x) = \sqrt{x} \\ g(x) = x^2 + 3 \end{cases} \Rightarrow (fog)'(1) = ?$

A) $\dfrac{1}{3}$ B) $\dfrac{1}{2}$ C) 1   D) $\dfrac{3}{2}$ E) 2

9. $f(x) = \cos(2x)$

$\Rightarrow \lim\limits_{h \to 0} \dfrac{f\left(\frac{\pi}{6} + h\right) - f\left(\frac{\pi}{6}\right)}{h} = ?$

A) $-\sqrt{3}$ B) $-\dfrac{1}{\sqrt{3}}$ C) 1   D) 2   E) $\sqrt{3}$

10. $f(x) = \arccos(2x + 1) \Rightarrow f'\left(-\dfrac{1}{2}\right) = ?$

A) -2 B) -1 C) 0   D) $\dfrac{1}{2}$ E) $-\dfrac{1}{2}$

11. $f(x) = \tan(\sqrt[3]{x}) \Rightarrow f'(\pi^3) = ?$

A) π^2 B) $2\pi^2$ C) $3\pi^2$ D) $\dfrac{1}{3\pi^2}$ E) $\dfrac{1}{2\pi^2}$

12. $f(x) = \sin^2 \sqrt{x} \Rightarrow \dfrac{df(x)}{dx} = f'(x) = ?$

A) $\dfrac{1}{2\sqrt{x}} \sin 2\sqrt{x}$ B) $\dfrac{1}{\sqrt{x}} \sin 2\sqrt{x}$ C) $\dfrac{1}{2\sqrt{x}} \sin \sqrt{x}$

D) $\dfrac{1}{2\sqrt{x}} \sin 2\sqrt{x} \cdot \cos \sqrt{x}$ E) $\dfrac{1}{4\sqrt{x}} \sin 2\sqrt{x}$

13. $f(x) = \ln(\arctan x)$ $\Rightarrow$ $f'(1) = ?$

A) $\dfrac{\pi}{3}$ B) $\dfrac{2}{\pi}$ C) $\dfrac{\pi}{4}$ D) $\dfrac{1}{2\pi}$ E) π

14. $f(x) = \log x^3$ $\Rightarrow$ $f'\left(\dfrac{1}{\ln 10}\right) = ?$

A) 3   B) 1   C) 0   D) $3 \ln 10$ E) $(\ln 10)^2$

15. $f(x) = 5^{3x-3}$, $f'(a) = \ln 5^{375}$ $\Rightarrow$ $a = ?$

A) 4   B) 3   C) 0   D) 1   E) 2

16. $\begin{cases} x = t^3 - 2t^2 + 3t \\ y = t^3 - 2t \end{cases}$ $\Rightarrow$ $\left.\dfrac{dy}{dx}\right|_{t=1} = ?$

A) $\dfrac{1}{3}$ B) $\dfrac{1}{2}$ C) 1   D) 2   E) 3

17. $\begin{cases} y = e^x \\ x = \cos t \end{cases}$ $\Rightarrow$ $\left.\dfrac{dy}{dt}\right|_{t=\frac{\pi}{3}} = ?$

A) $-\dfrac{\sqrt{3e}}{2}$ B) $-\dfrac{\sqrt{e}}{4}$ C) $-\dfrac{\sqrt{2e}}{3}$ D) $\sqrt{3e}$ E) $\sqrt{2e}$

18. $\begin{cases} y = e^t + 2t \\ x = e^{2t} \end{cases} \Rightarrow \dfrac{d^2y}{dx^2}\bigg|_{t=0} = ?$

A) $-\dfrac{3}{4}$ B) $-\dfrac{5}{4}$ C) $-\dfrac{7}{4}$ D) $\dfrac{1}{2}$ E) $\dfrac{3}{2}$

19. $2x^2 + 3xy - 4y^2 = 0 \Rightarrow \dfrac{dy}{dx} = ?$

A) $\dfrac{4x - 3y}{3x + 8y}$ B) $\dfrac{-4x - 3y}{3x - 8y}$ C) $\dfrac{4x + 3y}{3x + 8y}$

D) $\dfrac{2x - 3y}{3x + 4y}$ E) $\dfrac{2x + 3y}{3x - 8y}$

20. $f(x) = (x^2)^{\sin x} \Rightarrow f'\left(\dfrac{\pi}{2}\right) = ?$

A) $\dfrac{2}{\pi}$ B) $\dfrac{4}{\pi}$ C) π D) 2π E) 3π

21. $f(x) = x(2 - \ln x) \Rightarrow \dfrac{df(e)}{dx} = ?$

A) 0 B) 2 C) 3 D) 4 E) 5

22. $f(x) = \dfrac{\ln x}{x^2 + 1} \Rightarrow \dfrac{df(1)}{dx} = f'(1) = ?$

A) 1 B) $\dfrac{1}{2}$ C) $\dfrac{3}{1}$ D) $\dfrac{1}{4}$ E) $\dfrac{3}{4}$

Answers						
1. E	2. E	3. A	4. D	5. B	6. C
7. B	8. B	9. A	10. A	11. D	12. A
13. B	14. A	15. E	16. B	17. A	18. A
19. B	20. C	21. A	22. B		

Test 3

1. $f(x) = ax^2 - 3x + 1$

$\dfrac{d}{dx} f(1) = 5 \Rightarrow a = ?$

A) 6   B) 5   C) 4   D) 3   E) 2

2. $f(x) = x^4 - 3x^2 + 6x + 3$

$\Rightarrow \lim\limits_{x \to 1} \dfrac{f(x) - f(1)}{x - 1} = ?$

A) 2   B) 4   C) 5   D) 10   E) 15

3. $f(x) = ax^2 - bx$

$\Rightarrow \dfrac{d}{dx} f(1) = ?$

A) $6a - b$ B) $3a + 2$ C) $2a + b$

D) $3a - 2b$ E) $2a - b$

4. $a < 0$,

$f(x) = \dfrac{1}{3}x^3 + x^2 - 3x + 7$

$\dfrac{d}{dx} f(a) = 0 \Rightarrow a = ?$

A) -4 B) -3 C) -2 D) 1   E) 6

5. $f(x) = x^3 - bx^2 + 6x + 3$

$\frac{d}{dx} f(2) = \frac{d}{dx} f(1)$

$\Rightarrow$ **b = ?**

A) $\frac{7}{2}$ B) $\frac{9}{2}$ C) $\frac{11}{2}$ D) $\frac{15}{2}$ E) $\frac{19}{2}$

6. $\begin{cases} f(x) = x^3 - ax^2 + bx + 3, \\ f(1) = 12; \ f'(2) = 8 \end{cases} \Rightarrow$ **b = ?**

A) 4 B) 6 C) 8 D) 12 E) 16

7. $\forall x \in N^+, f(0) = 0$

$f(x) - f(x-1) = x + 1$

$\Rightarrow$ **f'(6) = ?**

A) $\frac{7}{2}$ B) $\frac{9}{2}$ C) $\frac{11}{2}$ D) $\frac{13}{2}$ E) $\frac{15}{2}$

8. $\forall x \in Z^+, f(0) = 0$

$f(x) = x^2 + f(x-1)$

$\Rightarrow$ **f'(1) + f'(0) = ?**

A) $\frac{7}{3}$ B) $\frac{4}{3}$ C) 1 D) $\frac{8}{3}$ E) 3

9. $\forall\, f'(1) + f'(0) \in R, f(x) = f(-x)$

$f(x) = 4x^4 - 2ax^2 + 4 - f(-x)$

$\dfrac{d}{dx} f(2) = 32 \quad \Rightarrow \quad a = ?$

A) 2   B) 4   C) 5   D) 6   E) 8

10. $\forall\, x \in R, f(x) + f(-x) = 0$

$2f(x) = 5x^3 - 10ax - 20 + 3f(-x)$

$\dfrac{d}{dx} f(3) = 15 \quad \Rightarrow \quad a = ?$

A) 2   B) 3   C) 4   D) 5   E) 6

11. $f(2x - 1) = 2x^2 - 6x + 4$

$\Rightarrow \dfrac{df(x)}{dx} = ?$

A) $2x + 1$ B) $2x - 1$ C) $x - 2$
D) $2x - 2$ E) $x - 3$

12. $f(2x - 1) = x^3 - x^2 + 4x + 1$

$\Rightarrow f(3) + f'(3) = ?$

A) 15   B) 17   C) 19   D) 21   E) 23

13. $f(3x - 4) = x^3 - 6x^2 + 7$

$\Rightarrow f(2) + f'(2) = ?$

A) -15 B) -14 C) -13 D) -12 E) -10

14. $f(x) = 2x - 3$

$(gof)(x) = 4x^2 - 8x + 7$

$\Rightarrow \dfrac{dg(x)}{dx} = ?$

A) $x + 2$ B) $2(x + 1)$ C) $2(x + 2)$
D) $x - 2$ E) $2(x - 2)$

15. $f(x^3 + 2) = 3x^9 - 6x^6 + 5$

$\Rightarrow \dfrac{df(x)}{dx} = ?$

A) $9x^2 - 32x$ B) $9x^2 - 36x + 40$ C) $9x^2 - 48x + 60$
D) $9x^2 - 42x + 50$ E) $9x^2 - 18x - 70$

16. $f(x) = (ax^2 - 1)(x^2 + 2x + 3)$

$\dfrac{d}{dx} f(2) = 130$

$\Rightarrow a = ?$

A) 2   B) 3   C) 5   D) 13   E) 21

17. $g(x) = x^2 \cdot f(x)$

$g'(4) = -48$

$\Rightarrow a = ?$

A) 2   B) 3   C) 4   D) 5   E) 6

18. $f(x) = (x^2 + 1) \cdot g(2x + 1)$

$g(5) = 6, \quad g'(5) = 3$

$\Rightarrow f'(2) = ?$

A) 36   B) 46   C) 54   D) 56   E) 58

19. $y = \dfrac{x}{(x-1)^2}$

$\Rightarrow (x-1)^4 \cdot \dfrac{dy}{dx} = ?$

A) $1 - x^2$ B) $1 + x^2$ C) $x^2 - 1$
D) $(x^2 - 1)^2$ E) $(x-1)^3$

20. $f(x) = \dfrac{ax^2 + 1}{x^2 + 1}$

$\dfrac{d}{dx} f(2) = 4 \quad \Rightarrow a = ?$

A) 15   B) 21   C) 26   D) 29   E) 33

Answers					
1. C	2. B	3. E	4. B	5. B	6. D

7. E	8. A	9. E	10. E	11. C	12. C
13. C	14. B	15. C	16. A	17. B	18. C
19. A	20. C				

Test 4

1. $y = \sqrt[7]{x^2}$

$\Rightarrow \sqrt[7]{x^5} \cdot \dfrac{dy}{dx} = ?$

A) $\dfrac{1}{7}$ B) $\dfrac{2}{7}$ C) $\dfrac{1}{\sqrt{x}}$ D) $\dfrac{3}{7}$ E) $\dfrac{x}{\sqrt{x}}$

2. $f(x) = \sqrt[3]{x^2}$ $(a \neq 0)$

$\dfrac{df(a)}{dx} = f(a) \Rightarrow a = ?$

A) 4   B) 2   C) $\dfrac{2}{3}$ D) $\dfrac{1}{2}$ E) -1

3. $a < 0$

$f(x) = \sqrt[3]{x^2 + a}$

$f'(1) = \dfrac{1}{6} \Rightarrow a = ?$

A) -9 B) -7 C) -5 D) -3 E) -1

4. $f(x) = \sqrt[3]{x + a}$

$f^{-1}(1) + (f^{-1})'(1) = 2 \Rightarrow a = ?$

A) 1   B) 2   C) 3   D) 4   E) 5

5. $f(x) = \dfrac{(x-2)^3}{2}$

$\Rightarrow (f^{-1})(4) + (f^{-1})'(4) = ?$

A) $\dfrac{16}{17}$ B) $\dfrac{1}{25}$ C) $\dfrac{5}{3}$ D) $\dfrac{25}{6}$ E) 25

6. $f(x) = \dfrac{(x-1)^3}{4}$

$(f^{-1})(16) \cdot (f^{-1})'(16) = ?$

A) $\dfrac{5}{4}$ B) $\dfrac{5}{8}$ C) $\dfrac{5}{12}$ D) $\dfrac{5}{16}$ E) $\dfrac{5}{48}$

7. $y = \dfrac{x}{3\sqrt{x}} \Rightarrow \dfrac{dy}{dx} = ?$

A) $\dfrac{1}{3\sqrt{x}}$ B) $\dfrac{1}{2\sqrt{x}}$ C) $\dfrac{1}{4\sqrt{x}}$ D) $\dfrac{1}{6\sqrt{x}}$ E) $\dfrac{1}{9\sqrt{x}}$

8. $f(x) = \sqrt[3]{\dfrac{x}{16}}$

$\Rightarrow f(2) \cdot (f^{-1})'(1) = ?$

A) 12 B) 18 C) 20 D) 24 E) 28

9. $f(x) = (x+1)^2 \cdot (3x+1)^2$

$\Rightarrow \dfrac{df(1)}{dx} = ?$

A) 96 B) 120 C) 144 D) 156 E) 160

10. $f(x) = \dfrac{\sqrt{x}}{1+\sqrt{x}} \Rightarrow \dfrac{df(4)}{dx} = ?$

A) 12   B) 1   C) $\dfrac{1}{36}$ D) $\dfrac{1}{16}$ E) $\dfrac{1}{12}$

11. $y = (x^2+1)\sqrt{x} \Rightarrow \dfrac{dy}{dx} = y' = ?$

A) $\dfrac{x^2+1}{2\sqrt{x}}$ B) $\dfrac{2x^2+1}{2\sqrt{x}}$ C) $\dfrac{5x^2+1}{2\sqrt{x}}$

D) $\dfrac{3x^2+2}{2\sqrt{x}}$ E) $\dfrac{6x^2+3}{2\sqrt{x}}$

12. $f(x) = \log_2 x$

$\Rightarrow \dfrac{d}{dx} f(1) = ?$

A) $\log e$ B) $2\log e$ C) $\log_2 e$

D) $\dfrac{2}{\log e}$ E) $\dfrac{2}{10}\log e$

13. $a > 0, b > 0$

$f(x) = \ln(ax + 6)$

$\dfrac{d}{dx} f(1) = \dfrac{a}{5} \Rightarrow a = ?$

A) -2 B) -1 C) 0   D) 1   E) 2

14. $a > 2$

$f(x) = a \cdot \ln(ax - 3)^2$

$\dfrac{d}{dx} f(2) = 8 \Rightarrow a = ?$

A) 1 B) 3 C) 4 D) 5 E) 6

15. $f(x) = \log_a(x^2 + 3x + 1)$

$\dfrac{d}{dx} f(1) = \dfrac{1}{6} \Rightarrow a = ?$

A) e^3 B) e^4 C) e^5 D) e^6 E) e^{30}

16. $f(x) = x \cdot \ln x$

$\Rightarrow \dfrac{d}{dx} f(e) = ?$

A) $\dfrac{1}{2}$ B) 1 C) 2 D) $\dfrac{3}{2}$ E) 3

17. $f(x) = x^2 \cdot \ln(x^2 + 1)$

$\Rightarrow \dfrac{d}{dx} f(1) = ?$

A) $\ln 2e$ B) $\ln \dfrac{2}{e}$ C) $\ln 4e$ D) $\ln \dfrac{4}{e}$ E) $\ln 3e$

18. $y = \ln\left(\dfrac{x^2}{x^2 + 1}\right)$

$\Rightarrow (x^2+1) \cdot \dfrac{dy}{dx} = ?$

A) $2x^2+1$ B) $2x^2+2$ C) $\dfrac{2}{x^2}$

D) $\dfrac{2}{x}$ E) $4x^2+2$

19. $x > 0$, $f(x) = \ln \sqrt[k]{x^2}$

$\dfrac{df(4)}{dx} = \dfrac{1}{10}$ $\Rightarrow$ $k = ?$

A) 5   B) 8   C) 10   D) 12   E) 18

Answers					
1. B	2. C	3. A	4. B	5. D	6. C
7. D	8. D	9. E	10. C	11. C	12. A
13. B	14. E	15. D	16. C	17. C	18. D
19. A					

Test 5

1. $f(x) = (3x^2 - 2x + 1)^4 \Rightarrow f'(-1) = ?$

A) -6912 B) -6180 C) -5900 D) 2300 E) 1800

2. $f(x) = x\sqrt{x} - x\sqrt{1-x} \Rightarrow f'\left(\dfrac{3}{4}\right) = ?$

A) $\dfrac{3\sqrt{3}+1}{4}$ B) $\dfrac{3\sqrt{3}+4}{4}$ C) $\dfrac{3\sqrt{3}+2}{4}$

D) $3\sqrt{3}-1$ E) $\dfrac{5\sqrt{3}+1}{4}$

3. $f(x) = 3\sin(3x + 5) \Rightarrow f'(7°) = ?$

A) $3\cos 26$ B) $9\cos 26$ C) $15\cos 26$

D) $3\sin 26$ E) $-\sin 26$

4. $f(x) = \dfrac{x \cdot \sin x}{1 + \tan x} \Rightarrow f'\left(\dfrac{\pi}{4}\right) = ?$

A) $\sqrt{2}$ B) $\dfrac{\sqrt{2}}{2}$ C) $\dfrac{\sqrt{2}}{4}$ D) $-\sqrt{2}$ E) -2

5. $f(x) = \arccos\sqrt{1-4x}$ $\Rightarrow$ $f'(x) = ?$

A) $-2\sqrt{4x^2}$ B) $-\sqrt{x+4x^2}$ C) $\dfrac{-2}{\sqrt{x-4x^2}}$

D) $\dfrac{1}{\sqrt{x-4x^2}}$ E) $-\sqrt{x+4x^2}$

6. $f(x) = \dfrac{2}{3}\arctan x + \dfrac{1}{3}\arctan\dfrac{x}{1-x^2}$ $\Rightarrow$ $f'(1) = ?$

A) -1 B) 0 C) $\dfrac{1}{2}$ D) $\dfrac{3}{4}$ E) 1

7. $f(x) = (x+1)^{1/x}$ $\Rightarrow$ $f'(1) = ?$

A) $\ln\dfrac{e}{4}$ B) $\ln 2e$ C) $2 - \ln 2$ D) 1 E) -1

8. $y = f(x)$, $\dfrac{x-y}{x-2y} = 2$ $\Rightarrow$ $f'(x) = ?$

A) $\dfrac{2}{3}$ B) 1 C) $\dfrac{1}{3}$ D) $-\dfrac{1}{3}$ E) $-\dfrac{4}{3}$

9. $f(3x) = x^2 \cdot g(x-2)$, $f'(3) = 2$, $g(-1) = 4$
$\Rightarrow$ $g'(-1) = ?$

A) 3 B) 2 C) -2 D) -3 E) -4

10. $f(x) = e^{\sin x} + \cos^2 x \Rightarrow f'\left(\dfrac{\pi}{2}\right) = ?$

A) -1 B) 0 C) 1 D) 2 E) e

11. $f(x) = \sin x, \quad g(x) = 2^x \Rightarrow (f \circ g)'(2) = ?$

A) $\ln 2 \cdot \cos 16$ B) $\ln 4 \cdot \cos 4$ C) $\ln 8 \cdot \cos 4$

D) $\ln 16 \cdot \cos 4$ E) $\ln 16 \cdot \cos 16$

12. $\begin{cases} x = e^t + t^2 \\ y = t \cdot e^t \end{cases} \Rightarrow \left.\dfrac{d^2y}{dx^2}\right|_{t=1} = ?$

A) $\dfrac{1}{e^2}$ B) $\dfrac{1}{2+e}$ C) $\dfrac{1}{4+e}$

D) $\dfrac{e}{(e+2)^2}$ E) $\dfrac{e}{(e+2)^3}$

13. $\begin{cases} x = t^2 - 2t \\ y = t^3 + t \end{cases} \Rightarrow \left.\dfrac{d^2y}{dx^2}\right|_{t=1} = ?$

A) 2 B) $\dfrac{4}{3}$ C) 1 D) $\dfrac{3}{4}$ E) $\dfrac{1}{4}$

14. $\begin{cases} x = \ln t \\ y = \sin t \end{cases} \Rightarrow \left.\dfrac{dy}{dx}\right|_{t=\pi} = ?$

A) $-\pi$ B) -2π C) 0   D) 1   E) 2

15. $f(x) = x \cdot \sin x \Rightarrow \left.\dfrac{d^2 f(x)}{dx^2}\right|_{x=\frac{\pi}{2}} = ?$

A) -1 B) 0   C) 1   D) $\dfrac{\pi}{2}$ E) $-\dfrac{\pi}{2}$

16. $f(x) = x \cdot e^x \Rightarrow f''(x) - f'(x) = ?$

A) 0   B) x   C) e^x D) xe^x E) $x + e^x$

17. $f(x) = \tan\left(\dfrac{\pi}{2} \cos x\right) \Rightarrow f'\left(\dfrac{\pi}{3}\right) = ?$

A) $\dfrac{-\pi\sqrt{3}}{2}$ B) $-\dfrac{\pi}{2}$ C) 0   D) π E) $\dfrac{\pi\sqrt{3}}{2}$

18. $f(x) = x \cdot \arcsin x + \sqrt{1-x^2} \Rightarrow f'\left(\dfrac{1}{2}\right) = ?$

A) $\dfrac{\pi}{8}$ B) $\dfrac{\pi}{6}$ C) $\dfrac{\pi}{3}$ D) $\dfrac{\pi}{4}$ E) $\dfrac{\pi}{2}$

19. $\begin{cases} x = t^3 + 3t \\ y = t^3 - 3t \end{cases} \Rightarrow \dfrac{d^2y}{dx^2}\Big|_{t=1} = ?$

A) 0   B) $\dfrac{1}{6}$ C) $\dfrac{1}{4}$ D) $\dfrac{1}{2}$ E) 1

20. $f(x) = (x^2 - x)^{-2} \Rightarrow f'(2) = ?$

A) -4 B) $\dfrac{-8}{3}$ C) $-\dfrac{3}{4}$ D) $\dfrac{1}{4}$ E) $\dfrac{1}{2}$

Answers					
1. A	2. A	3. B	4. C	5. D	6. E
7. A	8. C	9. C	10. B	11. D	12. D
13. E	14. A	15. E	16. C	17. A	18. B
19. B	20. C				

Test 6

1. $f(x) = \dfrac{2x^3 + 1}{x} \Rightarrow f'(x) = ?$

A) $2x - \dfrac{2}{x^3}$ B) $2 + 2x^2$ C) $2x^2 - \dfrac{1}{x^3}$

D) $4x - \dfrac{1}{x^2}$ E) $x - \dfrac{1}{x^3}$

2. $f(x) = \dfrac{x^2 + 1}{x^2 - 1} \Rightarrow f'(x) = ?$

A) $\dfrac{2x}{(x^2 - 1)^2}$ B) $\dfrac{4x}{(x^2 - 1)^2}$ C) $\dfrac{-4x}{(x^2 - 1)^2}$

D) $\dfrac{-8x}{(x^2 - 1)^3}$ E) $\dfrac{-8x}{x^2 - 1}$

3. $f(x) = \dfrac{x^3}{3} - \dfrac{x^2}{2} + x - 1 \Rightarrow f'(2) = ?$

A) 6   B) 5   C) 4   D) 3   E) 2

4. $y = (x^3 - 3x)^4 \Rightarrow \dfrac{dy}{dx} = ?$

A) $4(x^2 - 3x)^4$ B) $3(x^2 - 3)(x^3 - 3x)^3$

C) $12(x^2 - 1)(x^3 - 3x)^3$ D) $12(x^2 - 3)$

E) $12(x^3 - 3x)^4$

5. $f(3x - 4) = (x^2 - 2)^3 \Rightarrow f'(2) = ?$

A) 3 B) 4 C) 6 D) 7 E) 8

6. $f(3x - 2) = (9x^2 + 3x - 6)^2 \Rightarrow \dfrac{df(x)}{dx} = ?$

A) $(2x + 5) \cdot (x^2 + 5x)$ B) $2(2x + 5)(x^2 + 5x)$

C) $4(2x + 5)^2$ D) $2x(x^2 + 5x)$

E) $4x(x^2 + 5x)$

7. $f(x) = \dfrac{(x + 1)^2}{(x^2 + 1)^3} \Rightarrow f'(0) = ?$

A) -1 B) 0 C) 1 D) $\dfrac{3}{2}$ E) 2

8. $f(x) = (x^2 + 1)^3 (x^3 - 1)^2 \Rightarrow \dfrac{df(x)}{dx} = ?$

A) $6x^2(x^2 + 1)(x^3 - 1) \cdot (2x^3 + x)$

B) $6x(x^2 + 1)^2 (x^3 - 1)^3 (2x^3 + x - 2)$

C) $36x(x^2 + 1)(x^3 - 1) \cdot (2x^3 + x - 2)$

D) $6x(x^2 + 1)^2 (x^3 - 1) \cdot (2x^3 + x - 1)$

E) $12x (x^2 + 1)^2 (x^3 - 1) \cdot (x^3 + x + 1)$

9. $x^3 + y^3 = 1 \Rightarrow \dfrac{d^2y}{dx^2} = ?$

A) $\dfrac{-x}{y^3}$ B) $\dfrac{-2x}{y^5}$ C) $\dfrac{x}{y^4}$ D) $\dfrac{4x}{y^5}$ E) $\dfrac{-4x}{y^5}$

10. $\begin{cases} x = f(t) = t + \dfrac{1}{t} \\ y = g(t) = t - \dfrac{1}{t} \end{cases} \Rightarrow \dfrac{d^2y}{dx^2} = ?$

A) $\dfrac{4t^3}{(t^2 - 1)^3}$ B) $\dfrac{-2t}{(t^2 - 1)}$ C) $\dfrac{-4t^2}{(t^2 - 1)^3}$

D) $\dfrac{-4t^3}{(t^2 - 1)^3}$ E) $\dfrac{8t}{(t^2 + 1)^3}$

11. $f(x) = x^2 + 1$,

$g(x) = \sqrt{x^2 + 1} \Rightarrow \dfrac{df(x)}{dg(x)} = ?$

A) $2f(x)$ B) $\dfrac{2}{g(x)}$ C) $g(x)$ D) $2g(x)$ E) $\dfrac{g(x)}{f(x)}$

12. $f(x) = (3x - 4) \cdot \sqrt[4]{(x+1)^3}$

$\Rightarrow f'(x) = ?$

A) $\dfrac{x}{12\sqrt[4]{(x+1)^3}}$ B) $\dfrac{12x - 9}{4\sqrt[4]{x+1}}$ C) $\dfrac{21x}{2\sqrt[4]{(x+1)^3}}$

D) $\dfrac{7x}{4\sqrt[4]{x+1}}$ E) $\dfrac{35x}{6\sqrt[4]{x+1}}$

13. $f(x) = \dfrac{3x^2 - 1}{\sqrt[3]{(x^3 - 1)^2}}$ $\Rightarrow \dfrac{df(x)}{dx} = ?$

A) $\dfrac{2x(x-3)}{\sqrt[3]{x^3 - 1}}$ B) $\dfrac{x(x-3)}{(x^3-1)(\sqrt{x^3-1})}$ C) $\dfrac{2x(x-3)}{(x^3-1)\sqrt[3]{(x^3-1)^2}}$

D) $\dfrac{x-3}{(x^3-1)^2\sqrt{x^3-1}}$ E) $\dfrac{2x}{(x^3-1)\sqrt[3]{(x^3-1)}}$

14. $x^2 - xy + y^2 - 3 = 0 \Rightarrow \dfrac{dy}{dx} = ?$

A) $\dfrac{2x - y}{x - 2y}$ B) $\dfrac{2x + y}{x - 2y}$ C) $\dfrac{x - 2y}{2y + x}$

D) $\dfrac{x + y}{x - y}$ E) $\dfrac{y - 2x}{x + 2y}$

15. $\arctan\dfrac{x}{y} + \ln\sqrt{x^2 + y^2} = 0 \Rightarrow \dfrac{dy}{dx} = ?$

A) $\dfrac{x-y}{x+y}$ B) $\dfrac{x+y}{x-y}$ C) $\dfrac{2x+y}{2x-y}$

D) $\dfrac{y-2x}{2x+y}$ E) $\dfrac{x+y}{x-2y}$

16. $f(x) = \arcsin\dfrac{x-1}{3} \Rightarrow f'(1) = ?$

A) $\dfrac{1}{\sqrt{3}}$ B) $\dfrac{1}{3}$ C) $\dfrac{1}{3\sqrt{3}}$ D) $\dfrac{\sqrt{3}}{6}$ E) $\dfrac{1}{9}$

17. $f(x) = x \cdot \sin\dfrac{1}{x} \Rightarrow \dfrac{d^2 f(x)}{dx^2} = ?$

A) $\dfrac{1}{x^2} \cdot \cos\dfrac{1}{x}$ B) $-\dfrac{1}{x^3} \cdot \cos\dfrac{1}{x}$ C) $\dfrac{1}{x} \cdot \sin\dfrac{1}{x}$

D) $\dfrac{1}{x^3} \cdot \sin\dfrac{1}{x}$ E) $-\dfrac{1}{x^3} \cdot \sin\dfrac{1}{x}$

Answers					
1. D	2. C	3. D	4. C	5. E	6. B
7. E	8. D	9. B	10. D	11. D	12. B
13. C	14. A	15. B	16. B	17. E	

Test 7

1. $f(x) = \dfrac{x^3 + 1}{x^3 + 3} \Rightarrow f'(3) = ?$

A) $\dfrac{1}{25}$ B) $\dfrac{2}{25}$ C) $\dfrac{3}{50}$ D) $\dfrac{3}{20}$ E) $\dfrac{4}{75}$

2. $f(x) = \dfrac{1 - \cos 2x}{1 + \cos 2x} \Rightarrow f'\left(\dfrac{\pi}{3}\right) = ?$

A) 3 B) $4\sqrt{3}$ C) $\dfrac{2\sqrt{3}}{3}$ D) $\dfrac{\sqrt{3}}{3}$ E) 16

3. $f(x) = \dfrac{1}{(\cos 2x - \sin 2x)^2} \Rightarrow f'\left(\dfrac{\pi}{24}\right) = ?$

A) $4\sqrt{2}$ B) $4\sqrt{3}$ C) 12 D) 16 E) $8\sqrt{3}$

4. $f(x) = \left[\dfrac{2\sin^2 x - \tan 3x}{(1 + \cos 2x)\sqrt{2 + \sec^2 x}}\right]^{-6} \Rightarrow f'\left(\dfrac{\pi}{4}\right) = ?$

A) 2 B) $\dfrac{5}{2}$ C) 3 D) $\dfrac{7}{2}$ E) 4

5. $x = \dfrac{\pi}{3}$

250

$f(x) = \sec x \Rightarrow \dfrac{d^2 f(x)}{dx^2} = ?$

A) 8   B) 10   C) 12   D) 14   E) 16

6. $f(x) = \arctan\left(\dfrac{4\sin x}{3+5\cos x}\right) \Rightarrow f'\left(\dfrac{\pi}{3}\right) = ?$

A) $\dfrac{4}{5}$ B) $\dfrac{6}{11}$ C) $\dfrac{8}{13}$ D) $\dfrac{8}{25}$ E) $\dfrac{16}{25}$

7. $f(x) = \arctan\left(\dfrac{1}{x}\right) \Rightarrow f'(2) = ?$

A) $\dfrac{1}{2}$ B) $\dfrac{1}{3}$ C) $\dfrac{1}{5}$ D) $-\dfrac{1}{5}$ E) $-\dfrac{1}{6}$

8. $f(x) = e^x \cdot \ln x \Rightarrow f'(x) = ?$

A) $e^x\left(\ln x + \dfrac{1}{x}\right)$ B) $e^x\left(1 + \dfrac{1}{x}\right)$ C) $\ln x(e^x + 1)$

D) $\dfrac{e^x}{x}$ E) $e^x + \ln x$

9. $e^{x+y} = y^x \Rightarrow \dfrac{dy}{dx} = ?$

A) $\dfrac{y}{x(x+y)}$ B) $\dfrac{y^2}{x(y-x)}$ C) $\dfrac{y^3}{x(y-x)}$

D) $\dfrac{y^3}{x^2 - xy}$ E) $\dfrac{y^2}{x^2 + y}$

10. $f(x) = \dfrac{x^3 + x + 2}{x^2 + 4}$

$\Rightarrow \lim\limits_{h \to 0} \dfrac{f(2+h) - f(2)}{h} = ?$

A) 2   B) 1   C) $\dfrac{5}{6}$ D) $\dfrac{13}{16}$ E) $\dfrac{7}{8}$

11. $f(x) = \dfrac{x^3 + 8}{x^2 + 2}$

$\Rightarrow \lim\limits_{x \to 2} \dfrac{f(x) - f(2)}{x - 2} = ?$

A) $\dfrac{2}{9}$ B) $\dfrac{3}{5}$ C) $\dfrac{5}{6}$ D) 1   E) $\dfrac{3}{2}$

12. $f(x) = x^3 - 4|x| + 2x \Rightarrow f'(2) = ?$

A) 8   B) 10   C) 12   D) 15   E) 24

13. $f(x) = x^3 - 6x + g(4x - 7)$

$g'(5) = -3 \Rightarrow f'(3) = ?$

A) − 6   B) − 3   C) 0   D) 6   E) 9

14. $f(x) = x^2 + 1$

$g(x) = x^3 + 2x \Rightarrow (f \circ g)'(1) = ?$

A) 30   B) 28   C) 24   D) 18   E) 16

15. $f(x) = x^3 - x^2 - 12x + 7$

$\Rightarrow (f^{-1})'(7) = ?$

A) $\dfrac{3}{16}$ B) $\dfrac{1}{86}$ C) $\dfrac{1}{28}$ D) $\dfrac{1}{24}$ E) $\dfrac{5}{96}$

16. $\begin{cases} x = 6t - 4 \\ y = t^3 + 8 \end{cases} \Rightarrow f'(8) = ?$

A) − 2   B) − 1   C) 0   D) 1   E) 2

17. $f(x) = x^5 - 2x^4 + x^3 - 2x^2 + 4x - 4$

$\Rightarrow (f^{-1})'(4) = ?$

A) $\dfrac{1}{6}$ B) $\dfrac{1}{8}$ C) $\dfrac{1}{12}$ D) $\dfrac{1}{16}$ E) $\dfrac{1}{24}$

18. $f(x) = x \cdot \sqrt{x^3 + 8} \Rightarrow f'(2) = ?$

A) $\dfrac{4}{9}$ B) $\dfrac{5}{2}$ C) 5 D) $\dfrac{13}{2}$ E) 7

19. $f(x) = \arctan(\sin x)$

$\cos a = \dfrac{2}{5} \Rightarrow f'(a) = ?$

A) $\dfrac{7}{24}$ B) $\dfrac{5}{23}$ C) $\dfrac{3}{20}$ D) $\dfrac{2}{9}$ E) $\dfrac{1}{25}$

Answers					
1. C	2. A	3. E	4. C	5. D	6. C
7. D	8. A	9. B	10. E	11. A	12. B
13. E	14. A	15. C	16. E	17. E	18. E
19. B					

Test 8

1. $f(x) = \arcsin(\tan x)$

$\tan \theta = \dfrac{1}{3} \Rightarrow f'(\theta) = ?$

A) $\dfrac{5\sqrt{2}}{6}$ B) $\dfrac{5\sqrt{3}}{3}$ C) $\dfrac{5}{6}$ D) $\dfrac{3}{16}$ E) $\dfrac{4}{9}$

2. $f(x) = e^{\sin(\ln x)} \Rightarrow f'(1) = ?$

A) 1   B) 2   C) $\dfrac{1}{e}$ D) e   E) π

3. $f(x) = x^{\sin x} \Rightarrow f'\left(\dfrac{\pi}{2}\right) = ?$

A) $\dfrac{-\pi}{4}$ B) $\dfrac{-\pi}{3}$ C) $\dfrac{-\pi}{2}$ D) 1   E) $\dfrac{3\pi}{2}$

4. $y = e^x \cdot e^{\ln} \Rightarrow \dfrac{dy}{dx} = ?$

A) $e^x(x+1)$ B) $\dfrac{e^x}{x}$ C) $\dfrac{e^x \ln x}{x}$

D) $e^x(x+1)$ E) $e^x\left(1 + \dfrac{1}{x}\right)$

5. $f(x) = (e^x)^{e^x} \Rightarrow f'(\ln 2) = ?$

A) 24   B) 12   C) 4
         + ln 64   D) 8 + ln 256   E) 64 ln 2

6. $y^x = e^{x+y} \Rightarrow \dfrac{dy}{dx} = ?$

A) $\dfrac{y}{y-x}$ B) $\dfrac{y^2}{x(y-x)}$ C) $\dfrac{y^2}{y(y-x)}$

D) $\dfrac{y^2}{y(x-y)}$ E) $\dfrac{2y}{xy(1-x)}$

7. $xy = (x+y)^2 \Rightarrow \dfrac{dy}{dx} = ?$

A) $-\dfrac{2x+y}{x+2y}$ B) $\dfrac{x-y}{x+y}$ C) $\dfrac{y-2x}{2y-x}$

D) $\dfrac{2xy}{x+y}$ E) $\dfrac{x+y}{y-2x}$

8. $f(x) = \dfrac{2}{x^2+1} \Rightarrow \lim\limits_{h \to 0} \dfrac{f(-4+h)-f(-4)}{h} = ?$

A) $\dfrac{4}{17}$ B) $\dfrac{6}{54}$ C) $\dfrac{12}{108}$ D) $\dfrac{16}{225}$ E) $\dfrac{16}{289}$

9. $f(x) = \dfrac{1}{x-1} \ (x \ne 1) \Rightarrow \lim\limits_{t \to 0} \dfrac{f(t-2)-f(-2)}{t} = ?$

A) $-\dfrac{1}{3}$ B) $-\dfrac{1}{6}$ C) $-\dfrac{1}{9}$ D) $\dfrac{1}{3}$ E) $\dfrac{1}{9}$

10. $\begin{cases} x = t - t^3 \\ y = 1 - t \end{cases} \Rightarrow \left.\dfrac{dy}{dx}\right|_{t=1} = ?$

A) $\dfrac{-2}{5}$ B) $-\dfrac{1}{2}$ C) 0 D) $\dfrac{1}{2}$ E) 1

11. $\begin{cases} x = t^3 - 4t \\ y = t^3 \end{cases} \Rightarrow \left.\dfrac{d^2y}{dx^2}\right|_{t=1} = ?$

A) 6 B) 9 C) 12 D) 18 E) 24

12. $\begin{cases} x = \cos t \\ y = \sin t \end{cases} \Rightarrow \dfrac{d^2y}{dx^2} = ?$

A) $\tan t \sec(t)$ B) $\cot(t)$ C) $-\sec^3 t$

D) $\tan^2 t$ E) $4 - \operatorname{cosec}^3 t$

13. $y = \log(2x + 1) \Rightarrow \dfrac{dy}{dx} = ?$

A) $\dfrac{2}{2x+1}$ B) $\dfrac{2}{2x+1} \cdot \ln 10$ C) $\dfrac{2 \log e}{2x+1}$

D) $\dfrac{2}{(2x+1)^2}$ E) $\dfrac{\log e}{2x+1}$

14. $y = x^{\ln 3} \Rightarrow \dfrac{dy}{dx} = ?$

A) $\ln 3 \cdot x^{\ln \frac{3}{e}}$
B) $\dfrac{\ln 3}{x}$
C) $\dfrac{\ln^2 3}{x}$

D) $\dfrac{\ln \frac{3}{e}}{x}$
E) $\dfrac{1}{x^{\ln 3}}$

15. $y = \ln x^3 + \ln^3 x \Rightarrow \dfrac{dy}{dx} = ?$

A) $\dfrac{3(1 + \ln x)}{x}$
B) $\dfrac{3(1 + \ln^2 x)}{x}$
C) $\dfrac{1 + \ln^2 x}{x^2}$

D) $\dfrac{3 \ln x}{x}$
E) $\dfrac{3(x + \ln x)}{x}$

16. $y = \ln[(x^2 + 2)^2 \cdot (x^3 + x - 1)] \Rightarrow \dfrac{dy}{dx}\bigg|_{x=2} = ?$

A) $\dfrac{37}{9}$
B) $\dfrac{8}{3}$
C) $\dfrac{25}{9}$
D) 3
E) 4

17. $y = \ln^2(2x+3) \Rightarrow \dfrac{dy}{dx}\bigg|_{x=3} = ?$

A) $\dfrac{\ln 3}{9}$ B) $\dfrac{4\ln^3}{9}$ C) $\dfrac{8}{9}$ D) $\dfrac{16}{27}$ E) $\dfrac{8\ln 3}{9}$

18. $y = \log_3(3x+1) \Rightarrow \dfrac{dy}{dx} = ?$

A) $\dfrac{3\log_3 e}{3x+1}$ B) $\dfrac{3}{3x+1}$ C) $\dfrac{3\ln 3}{3x+1}$

D) $\dfrac{\log_3 9}{3x+1}$ E) $\dfrac{27}{3x+1}$

19. $f(x) = (x^2+1) \cdot \ln(2x+1) \Rightarrow f'(1) = ?$

A) $\dfrac{\ln 81 + 4}{3}$ B) $\dfrac{\ln 729 + 4}{9}$ C) $\dfrac{\ln 243 + 4}{3}$

D) $\dfrac{2\ln(27 \cdot e^2)}{3}$ E) $\dfrac{\ln(27 \cdot e^2)}{9}$

Answers

Answers						
1. A	2. A	3. D	4. A	5. D	6. B
7. A	8. E	9. C	10. E	11. E	12. E
13. C	14. A	15. B	16. C	17. E	18. A
19. D						

Test 9

1. $y = \sqrt{4 + \ln x} \quad \Rightarrow \quad \dfrac{dy}{dx} = ?$

A) $\dfrac{1}{\sqrt{4 + \ln x}}$ B) $\dfrac{1}{x\sqrt{4 + \ln x}}$ C) $\dfrac{1}{2x\sqrt{4 + \ln x}}$

D) $\dfrac{2x}{\sqrt{4 + \ln x}}$ E) $\dfrac{x}{2x\sqrt{4 + \ln x}}$

2. $x^3 + 4xy^2 - y^4 - 27 = 0 \quad \Rightarrow \quad \dfrac{dy}{dx} = ?$

A) $\dfrac{3x^2 - 4y^2}{4y^3 + 8xy}$ B) $\dfrac{3x^2 + 4y^2}{4y^3 - 8xy}$ C) $\dfrac{x^2 + 2y^2}{2y^2 - 4xy}$

D) $\dfrac{3x^2 + 4y^2}{4y^3 + 8xy^2}$ E) $\dfrac{3x^2 + 4y^2}{4y^4 - 8x^2y}$

3. $y = x^x \quad \Rightarrow \quad \dfrac{dy}{dx} = ?$

A) $x^x \cdot \ln x$ B) $(\ln x + 2) \cdot x^x$ C) $x^x \cdot \ln(ex)$

D) $x^x \cdot (1 - \ln x)$ E) $x^x \cdot \ln(e^2 x)$

4. $y = e^x \cdot x^{3x} \quad \Rightarrow \quad \dfrac{dy}{dx} = ?$

A) $e^x \cdot x^{3x} \cdot (4 + 3 \ln x)$ B) $e^x \cdot x^{3x} \cdot (3 + \ln x)$

C) $x^{3x} \cdot (4 + \ln x)$ D) $e^x \cdot x^{3x} \cdot (1 + 4 \ln x)$

E) $4 \cdot x^{3x} \cdot e^x \cdot \ln x$

5. $f(x) = x^{2x} \Rightarrow f'(2) = ?$

A) 64   B) 32   C) $16(\ln 2 + 1)$

D) $32(\ln 2 + 1)$ E) $64(\ln 2 + 1)$

6. $y^2 = e^{x+y} \Rightarrow \dfrac{d^2y}{dx^2} = ?$

A) $\dfrac{2y}{(2-y)^2}$ B) $\dfrac{y}{(2+y)^2}$ C) $\dfrac{y^2}{(2-y)^3}$

D) $\dfrac{4y}{(2-y)^4}$ E) $\dfrac{y^2 + 2y}{(2+y)^3}$

7. $f(x) = \dfrac{\sqrt{1+2x} - (1+x)}{x^2} \Rightarrow \lim\limits_{x \to 0} f(x) = ?$

A) 1   B) $\dfrac{2}{3}$ C) $\dfrac{1}{2}$ D) $-\dfrac{1}{2}$ E) $-\dfrac{1}{4}$

8. $f(t) = \dfrac{\sqrt[3]{1+3t} - (1+t)}{t^2}$

$\Rightarrow \lim\limits_{t \to 0} \dfrac{\sqrt[3]{1+3t} - (1+t)}{t^2} = ?$

A) $-\dfrac{5}{2}$ B) $-\dfrac{3}{2}$ C) $-\dfrac{1}{2}$ D) -1 E) $\dfrac{5}{2}$

9. $f(x) = \dfrac{2\sin^2 x}{1 - \cos x}$

$\Rightarrow \lim\limits_{h \to 0} \dfrac{f(h) - f(0)}{h} = ?$

A) 0 B) 1 C) 2 D) 3 E) 4

10. $\lim\limits_{x \to \frac{\pi}{2}} \dfrac{1 - \sin x}{\cos x} = ?$

A) $-\dfrac{1}{2}$ B) -1 C) 0 D) $\dfrac{1}{2}$ E) 1

11. $\lim\limits_{x \to \pi} \dfrac{\cos\frac{x}{2}}{x - \pi} = ?$

A) 2 B) $\dfrac{3}{2}$ C) 1 D) -1 E) $-\dfrac{1}{2}$

12. $\lim\limits_{x \to \pi} \dfrac{1 + \cos x}{\sin^2 x} = ?$

A) $-\dfrac{1}{2}$ B) 0 C) $\dfrac{1}{2}$ D) $\dfrac{1}{4}$ E) $\dfrac{1}{8}$

13. $\lim\limits_{x\to 0} \sin 4x \cdot \cot 2x = ?$

A) $\dfrac{1}{24}$ B) $\dfrac{1}{12}$ C) $\dfrac{1}{4}$ D) 2 E) 3

14. $\lim\limits_{x\to 0} \dfrac{4\sin 9x}{3x} = ?$

A) $\dfrac{1}{12}$ B) $\dfrac{1}{6}$ C) 6 D) 9 E) 12

15. $\begin{cases} y = t^3 + t \\ x = t^3 + 1 \end{cases} \Rightarrow \left.\dfrac{d^2y}{dx^2}\right|_{x=2} = ?$

A) $-\dfrac{2}{9}$ B) $-\dfrac{1}{18}$ C) $\dfrac{2}{3}$ D) $\dfrac{1}{6}$ E) $\dfrac{2}{9}$

16. $\lim\limits_{x\to \frac{\pi}{4}} \dfrac{\sin x - \cos x}{\cos^2 x - \sin^2 x} = ?$

A) $-\sqrt{2}$ B) $-\dfrac{\sqrt{2}}{2}$ C) $-\dfrac{1}{2}$ D) $\dfrac{\sqrt{2}}{2}$ E) $\sqrt{2}$

17. $\lim\limits_{x\to 2} \dfrac{\ln x - \ln 2}{x^2 - 4} = ?$

A) 1 B) $\dfrac{1}{2}$ C) $\dfrac{1}{4}$ D) $\dfrac{1}{8}$ E) $\dfrac{1}{16}$

18. $e^{-x^3} \dfrac{d^2}{dx^2}(x^2 e^{x^3}) = ?$

A) $9x^6 + 18x^3 + 2$ B) $9x^6 + 6x^4 + 12x^3 + 2$

C) $12x^5 + 9x^3 + 4$ D) $18x^6 + 9x^3 + 2$

E) $2x^6 + 4x^5 + 12x^4 + 9x^3$

19. $f(x) = \sin 6x \cdot \cos 6x \Rightarrow f'\left(\dfrac{\pi}{12}\right) = ?$

A) -12 B) -6 C) 0 D) 6 E) 12

20. $\lim\limits_{x \to \pi}(x - \pi) \cdot \csc x = ?$

A) -1 B) $-\dfrac{1}{2}$ C) 0 D) $\dfrac{1}{2}$ E) 1

21. $y = \sin\left(\dfrac{2x-1}{x+1}\right)$

$x = \dfrac{\pi + 2}{4 - \pi} \Rightarrow \dfrac{dy}{dx} = ?$

A) $\dfrac{(4-\pi)^2}{12}$ B) $\dfrac{(4+\pi)^2}{18}$ C) $\dfrac{(2-\pi)^3}{6}$

D) $\dfrac{\pi + 2}{6}$ E) $\dfrac{\pi - 4}{6}$

Answers					
1. C	2. B	3. C	4. A	5. D	6. A
7. D	8. C	9. E	10. C	11. D	12. A
13. D	14. E	15. A	16. B	17. D	18. A
19. B	20. A	21. A			

INTEGRAL

Definition:

Calculation of the integral $\int f(x)\,dx = F(x)$ is to find a function who derivative equals to $f(x)$

$$\int f(x)\,dx = F(x) + c \qquad (c \in R)$$

The definite (proper) integral is denoted by $\int_b^a f(x)\,dx$

$k \in R \Rightarrow$

☞ $\int k \cdot f(x)\,dx = k \int f(x)\,dx$

☞ $\int [f(x) \mp g(x)]\,dx = \int f(x)\,dx \mp \int g(x)\,dx$

PROPERTIES FOR TAKING INDEFINITE INTEGRAL

1. $\int a\,dx = a \int dx = a \cdot x + C$

2. $\int a \cdot x^n\,dx = a \int x^n\,dx = \dfrac{a}{n+1} x^{n-1} + C$

3. $\int \dfrac{1}{x}\,dx = \ln|x| + C$

4. $\int e^x\,dx = e^x + C$

5. $\int a^x\,dx = \dfrac{a^x}{\ln a} + C = a^x \log_a e + C$

6. $\int \sin x \, dx = -\cos x + C$

7. $\int \cos x \, dx = \sin x + C$

8. $\int \dfrac{1}{\sin^2 x} \, dx = \int \cosec^2 x \, dx = -\cot x + C$

9. $\int \dfrac{1}{\cos^2 x} \, dx = \int \sec^2 x \, dx = \tan x + C$

10. $\int \dfrac{1}{1+x^2} \, dx = \arctan x + C$

11. $\int \dfrac{1}{\sqrt{1-x^2}} \, dx = \arcsin x + C$

12. $\int \dfrac{1}{\sqrt{1+x^2}} \, dx = \ln(x + \sqrt{1+x^2}) + C$

Example:

$\int \left(x^2 - 3\sqrt{x} + \cos x + \dfrac{5}{x+1} \right) dx$

$= \int x^2 \, dx - 3 \int \sqrt{x} \, dx + \int \cos x \, dx + 5 \int \dfrac{dx}{x+1}$

$= \dfrac{x^3}{3} - 3 \int x^{1/2} \, dx + \sin x + 5 \ln|x+1|$

$$= \frac{x^3}{3} - 2x^{3/2} + \sin x + 5 \ln|x + 1| + C$$

Example:

$$\int \left(x^3 + \frac{1}{1 + x^2} - \frac{1}{x + 2} + \sin x \right) dx$$

$$= \int x^3 \, dx + \int \frac{dx}{1 + x^2} - \int \frac{dx}{x + 2} + \int \sin x \, dx$$

$$= \frac{x^4}{4} + \arctan x - \ln(x + 2) - \cos x + C$$

BASIC THEOREMS IN INTEGRAL CALCULATIONS

1. $\int_a^b f(x)\, dx = F(x)\Big|_a^b = F(b) - F(a)$

2. $F(x) = \int_a^x f(t)\, dt, \quad x \in [a, b] \quad F'(x) = f(x)$

3. $F(x) = \int_a^{u(x)} f(t)\, dt \Rightarrow F'(x) = u'(x) \cdot f(u(x))$

4. $F(x) = \int_{v(x)}^{u(x)} f(t)\, dt \Rightarrow F'(x) = u'(x) \cdot f(u(x)) - v'(x) f.(v(x))$

Example:

$F(x) = \int_2^{3x} \cos(t^2)\, dt \Rightarrow F'(x) = 3\cos(9x^2)$

$F(x) = \int_1^{x^2} \dfrac{1}{1 + \sqrt{1 - t}}\, dt \Rightarrow F'(x) = \dfrac{2x}{1 + \sqrt{1 - x^2}}$

$F(x) = \int_{\tan x}^{0} \dfrac{1}{3 + t}\, dt \Rightarrow F'(x) = \dfrac{-\sec^2 x}{3 + \tan x}$

METHODS FOR TAKING INTEGRALS
1. CHANGING THE VARITABLE

When $x = u(t)$ conversion is applied in $\int f(x)dx$,

$x = u(t) \Rightarrow dx = u'(t)$ is obtained

Calculate

$\int f(x)dx = \int f(u(t)) \cdot u'(t)dt$ and then reexpress the answer

in terms of x

Example:

$\int (x^2 + 2)^4 \cdot x \, dx = ?$

Solution:

$u = x^2 + 2 \Rightarrow du = 2x \, dx \Rightarrow x \, dx = \dfrac{du}{2}$

$\int (x^2 + 2)^4 x \, dx = \int u^4 \dfrac{du}{2}$

$= \dfrac{1}{2} \int u^4 \, du = \dfrac{1}{10} u^5 + C$

$= \dfrac{1}{10} (x^2 + 2)^5 + C$

Example:

$\int \dfrac{x}{x^2 + 4} \, dx = ?$

Solution:

$$u = x^2 + 4 \Rightarrow du = 2x\,dx \Rightarrow x\,dx = \frac{du}{2}$$

$$\int \frac{x}{x^2+4}\,dx = \frac{1}{2}\int \frac{du}{u} = \frac{1}{2}\ln(x^2+4) + C$$

Example:

$$\int \frac{dx}{9+x^2} = ?$$

Solution:

$$I = \int \frac{1}{9+x^2}\,dx = \frac{1}{9}\int \frac{1}{1+\left(\frac{x}{3}\right)^2}\,dx$$

$$\frac{x}{3} = t \Rightarrow dx = 3dt$$

$$I = \frac{1}{9}\int \frac{3}{1+t^2}\,dt = \frac{1}{3}\int \frac{1}{1+t^2}\,dt$$

$$I = \frac{1}{3}\arctan t + C = \frac{1}{3}\arctan\left(\frac{x}{3}\right) + C$$

2. PARTIAL INTEGRATION METHOD

$$d(uv) = udv + vdu$$

$$uv = \int udv + \int vdu$$

$$\int udv = uv - \int vdu$$

Example:

$F(x) = \int \ln x \, dx \Rightarrow \mathbf{F(x)} = ?$

Solution:

$u = \ln x \Rightarrow du = \dfrac{dx}{x}$

$dv = dx \Rightarrow v = x$

$\int u \, dv = uv - \int v \, du$

$= x \cdot \ln x - \int x \cdot \dfrac{dx}{x}$

$= x \cdot \ln x - x + C$

$= x \cdot (\ln x - 1) + C$

Example:

$F(x) = \int \arctan x \cdot dx \Rightarrow \mathbf{F(x)} = ?$

Solution:

$u = \arctan x \Rightarrow du = \dfrac{dx}{1+x^2}$

$d\vartheta = dx \Rightarrow \vartheta = x$

$F(x) = \int \arctan x \, dx = x \cdot \arctan x - \int \dfrac{x}{1+x^2} \, dx$

$1 + x^2 = t \Rightarrow dt = 2x\,dx \Rightarrow x.dx = \dfrac{1}{2} dt$

$F(x) = x.\arctan x - \dfrac{1}{2} \displaystyle\int \dfrac{dt}{t}$

$F(x) = x.\arctan x - \dfrac{1}{2} \ln|t| + C$

$F(x) = x.\arctan x - \dfrac{1}{2} \ln(1 + x^2) + C$

$F(x) = x.\arctan x - \ln\sqrt{1 + x^2} + C$

3. SEPARATING INTO RATIONAL NUMBERS METHOD
Example:

$$\int \frac{5x-3}{x^2-2x-3}\,dx = ?$$

Solution:

$$\frac{5x-3}{x^2-2x-3} = \frac{5x-3}{(x+1)(x-3)} = \frac{A}{x+1} + \frac{B}{x-3}$$

$$= \frac{(A+B)x + B - 3A}{(x+1)(x-3)}$$

$$(A+B)x + B - 3A = 5x - 3$$

$$\begin{cases} A + B = 5 \\ B - 3A = -3 \end{cases} \Rightarrow 4A = 8 \Rightarrow A = 2$$

$$A = 2 \Rightarrow B = 3$$

$$\int \frac{5x-3}{x^2-2x-3}\,dx = 2\int \frac{dx}{x+1} + 3\int \frac{dx}{x-3}$$

$$= 2\ln|x+1| + 3\ln|x-3| + C$$

Example:

$$\int \frac{x}{x^3 - x^2 + x - 1}\,dx = ?$$

Solution:

$$\frac{x}{x^3 - x^2 + x - 1} = \frac{x}{(x^2+1)(x-1)} = \frac{Ax+B}{x^2+1} + \frac{C}{x-1}$$

$$= \frac{Ax^2 - Ax + Bx - B + Cx^2 + C}{(x^2+1)(x-1)}$$

$$x = (A+C)x^2 + (B-A)x + C - B$$

$$= \begin{cases} A + C = 0 \\ B - A = 1 \\ C - B = 0 \end{cases} \Rightarrow \begin{cases} A + C = 0 \\ C - A = 1 \end{cases} \Rightarrow C = \frac{1}{2}$$

$$C = \frac{1}{2}, A = -\frac{1}{2}, B = \frac{1}{2}$$

$$\int \frac{x}{x^3 - x^2 + x - 1} dx = \frac{1}{2} \int \frac{-x+1}{x^2+1} dx + \frac{1}{2} \int \frac{1}{x-1} dx$$

$$= -\frac{1}{2} \int \frac{x}{x^2+1} dx + \frac{1}{2} \int \frac{1}{x^2+1} dx + \frac{1}{2} \ln|x-1|$$

$$x^2 + 1 = t \Rightarrow \frac{dt}{2} = xdx$$

$$\int \frac{x \, dx}{x^3 - x^2 + x - 1} = -\frac{1}{4} \int \frac{dt}{t} + \frac{1}{2} \arctan x + \frac{1}{2} \ln|x-1| + C$$

$$\int \frac{x}{x^3 - x^2 + x - 1} dx = I$$

$$I = -\frac{1}{4} \ln(x^2 + 1) + \frac{1}{2} \arctan x + \frac{1}{2} \ln|x - 1| + C$$

DEFINITE INTEGRAL

$$\int_a^b f(x)dx = F(x)|_a^b = F(b) - F(a)$$

PROPERTIES OF DEFINITE INTEGRAL

1. $\int_a^b k - f(x)dx = k \int_a^b f(x)dx, \quad k \in R$

2. $\int_a^b [f(x) \mp g(x)] = \int_a^b f(x)\,dx \mp \int_a^b g(x)\,dx$

3. $\int_a^b f(x)\,dx = \int_a^c f(x)\,dx + \int_c^b f(x)\,dx, \quad c \in (a, b)$

Example:

$$\int_0^2 \left(\frac{2x^3 + 8x + 1}{x^2 + 4}\right) dx = ?$$

Solution:

$$\int_0^2 \left(\frac{2x^3 + 8x + 1}{x^2 + 4}\right) dx = \int_0^2 \left(2x + \frac{1}{x^2 + 4}\right) dx$$

$$= 2\int_0^2 x\,dx + \frac{1}{4}\int \frac{dx}{1 + \left(\frac{x}{2}\right)^2}$$

$2t = x \Rightarrow 2dt = dx$

$$= x^2 \Big|_0^2 + \frac{1}{2} \int_0^2 \frac{dt}{1+t^2}$$

$$= x^2 \Big|_0^2 + \frac{1}{2} \arctan\left(\frac{x}{2}\right)\Big|_0^2$$

$$= 4 + \frac{1}{2}(\arctan 1 - \arctan 0)$$

$$= 4 + \frac{1}{2} \cdot \frac{\pi}{4} = \frac{32+\pi}{8}$$

Example:

$$\int_{-3}^{3} |x^2 - 4|\, dx = ?$$

Solution:

$$\int_{-3}^{0} |x^2 - 4|\, dx$$

$$= \int_{-3}^{-2} (x^2 - 4)\, dx$$
$$+ \int_{-2}^{2} (4 - x^2)\, dx + \int_{2}^{3} (x^2 - 4)\, dx$$

$$= \left(\frac{x^3}{3} - 4x\right)\Big|_{-3}^{-2} + \left(4x - \frac{x^3}{3}\right)\Big|_{-2}^{2} + \left(\frac{x^3}{3} - 4x\right)\Big|_2^3$$

$$= \left[\left(-\frac{8}{3} + 8\right) - (-9+12)\right] + \left[\left(8 - \frac{8}{3}\right) - \left(-8 + \frac{8}{3}\right)\right] +$$
$$\left[(9-12) - \left(\frac{8}{3} - 8\right)\right]$$

$$= \frac{16}{3} - 3 + \frac{16}{3} + \frac{16}{3} - 3 + \frac{16}{3} = \frac{64}{3} - 6 = \frac{46}{3}$$

Example:

$$\int_0^{\sqrt{3}} \frac{1}{1+x^2} \, dx = ?$$

Solution:

$$\int_0^{\sqrt{3}} \frac{dx}{1-x^2} = \arctan x \Big|_0^{\sqrt{3}}$$

$$= \arctan \sqrt{3} - \arctan 0 = \frac{\pi}{3}$$

Example:

$$\int_2^4 |x-3| \, dx = ?$$

Solution:

$$\int_2^4 |x-3| \, dx = \int_2^3 (3-x) \, dx + \int_3^4 (x-3) \, dx$$

$$= \left(3x - \frac{x^2}{2}\right)\Big|_2^3 + \left(\frac{x^2}{2} - 3x\right)\Big|_3^4$$

$$= \left[\left(9 - \frac{9}{2}\right) - (6-2)\right] + \left[(8-12) - \left(\frac{9}{2} - 9\right)\right] = 1$$

APPLICATION OF DEFINITE INTEGRAL

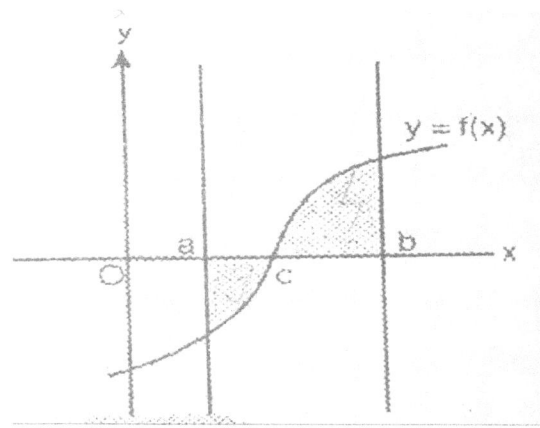

1. $A = \int_a^b f(x)dx$

[Chart]

☞ In $[c, b]$ interval $f(x) \geq 0 \Rightarrow A = \int_a^b f(x)dx$

☞ In $[a, c]$ interval $f(x) \leq 0 \Rightarrow A = - \int_a^c f(x) dx$

Example:

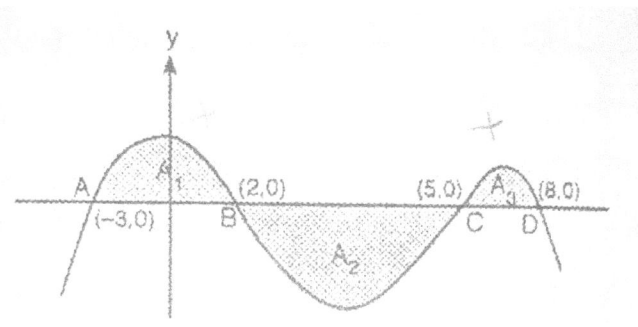

[Chart]

$A_1 = 12 \text{ br}^2$

$A_2 = 18 \text{ br}^2$

$A_3 = 9 \text{ br}^2$

$\Rightarrow \int_{-3}^{8} f(x)dx = ?$

Solution:

$$\int_{-3}^{8} f(x)dx = \int_{-3}^{2} f(x)dx + \int_{2}^{5} f(x)dx + \int_{5}^{8} f(x)dx$$

$= 12 - 18 + 9 = 3 \text{ br}^2$

2. $A = \int_a^b |g(y)|\, dy$

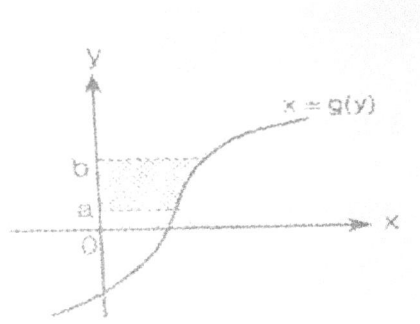

EXAMPLE:

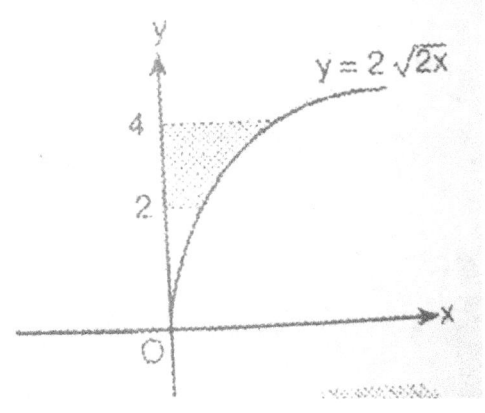

Solution:

$y = 2\sqrt{2x} \Rightarrow y^2 = 8x$

$x = \dfrac{y^2}{8}$

$A = \displaystyle\int_2^4 |f(y)|\,dy$

$A = \displaystyle\int_2^4 \left|\dfrac{y^2}{8}\right| dy = \dfrac{y^3}{24}\Big|_2^4 = \dfrac{64}{24} - \dfrac{8}{24}$

$A = \dfrac{56}{24} = \dfrac{7}{3}\ \text{br}^2$

TEST WITH SOLUTIONS

1. $\int_{-1}^{2} x^3 dx = ?$

A) $\frac{7}{2}$　　　　B) $\frac{15}{4}$　　　　C) 4

D) $\frac{17}{4}$　　　　E) $\frac{9}{2}$

Solution:

$$\int_{-1}^{2} x^3 \, dx = \frac{x^{3+1}}{3+1} \Big|_{-1}^{2}$$

$$= \frac{x^4}{4} \Big|_{-1}^{2}$$

$$= \frac{2^4}{4} - \frac{(-1)^4}{4}$$

$$= \frac{16}{4} - \frac{1}{4}$$

$$= \frac{15}{4}$$

Correct Answer - B

2. $\int \frac{x \, dx}{\sqrt[3]{x}} = ?$

A) $\frac{5}{3} \cdot x^{3/5} + c$　　　B) $15 \cdot x^{5/3} + c$　　　C) $\frac{3}{5} \cdot x^{5/3} + C$

D) $15 \cdot x^{5/3} + c$　　　E) $\frac{1}{3} \cdot x^{3/5} + c$

Solution:

$$\int \frac{xdx}{\sqrt[3]{x}} = \int \frac{xdx}{x^{1/3}}$$

$$= \int x^{1-\frac{1}{3}} dx$$

$$= \int x^{2/3} dx$$

$$= \frac{x^{\frac{2}{3}+1}}{\frac{2}{3}+1}$$

$$= \frac{3}{5} \cdot x^{5/3} + c$$

Correct Answer - C

3. $\int (x^2 + 1)^3 \, 2xdx = ?$

A) $3 \cdot (x^2 + 1)^3 + c$
B) $4 \cdot (x^2 + 1)^4 + c$
C) $\frac{(x^2 + 1)^3}{4} + c$
D) $\frac{(x^2 + 1)^4}{4} + c$
E) $\frac{(x^2 + 1)^4}{3} + c$

Solution:

$$\int (x^2 + 1)^3 \, 2xdx = \int u^3 \cdot du$$

$$\begin{cases} x^2 + 1 = u \\ 2xdx = du \end{cases} \Rightarrow \frac{u^4}{4} + c$$

$$= \frac{(x^2 + 1)^4}{4} + c$$

Correct Answer - D

4. $\int \dfrac{dx}{x-3} = ?$

A) $\dfrac{1}{3} \cdot \ln|x-3| + c$
B) $\dfrac{1}{3} \cdot \ln|x+3| + c$
C) $3 \cdot \ln|x+3| + c$
D) $\ln|x+3| + c$
D) $\ln|x-3| + c$

Solution:

$\int \dfrac{dx}{x-3} = \int \dfrac{du}{u}$

$= \ln|u| + c \qquad x - 3 = u$

$= \ln|x-3| + c \qquad dx = du$

Correct Answer - E

5. $\int \dfrac{x+2}{x+1} dx = ?$

A) $x + \ln|x+1| + c$
B) $x - \ln|x+1| + c$
C) $2x + \ln|x+1|$
D) $x + 2 \cdot \ln|x+1| + c$
E) $x - 2 \cdot \ln|x+1| + c$

Solution:

$\int \dfrac{x+2}{x+1} dx = \int \left(1 + \dfrac{1}{x+1}\right) dx$

$= x + \ln|x+1| + c$

Correct Answer - A

6. $\int \sin 3x \, dx = ?$

A) $-\dfrac{1}{3} \cos 3x + c$ B) $\dfrac{1}{3} \cos 3x + c$

C) $-3 \cdot \cos 3x + c$ D) $3 \cos 3x + c$

E) $-\sin^3 3x + c$

Solution:

$$\int \sin 3x \, dx = \int \sin u \, \dfrac{du}{3}$$

$\begin{cases} 3x = u \\ 3dx = du \\ dx = \dfrac{du}{3} \end{cases} \Rightarrow$

$$= \dfrac{1}{3} \int \sin u \, du$$

$$= -\dfrac{1}{3} \cdot (-\cos u) + c$$

$$= -\dfrac{1}{3} \cos(3x) + c$$

Correct Answer - A

7. $\int \tan x \, dx = ?$

A) $\ln |\cos x| + c$ B) $-\ln |\cos x| + c$

C) $-\ln |\sin x| + c$ D) $\ln |\sin x| + c$

E) $\ln |\tan x| + c$

Solution:

$$\int \tan x \, dx = \int \dfrac{\sin x}{\cos x} \, dx$$

$$\begin{cases} \cos x = u \\ -\sin x \, dx = du \end{cases}$$

$$= \int -\frac{du}{u}$$

$$= -\int \frac{du}{u}$$

$$= -\ln|u| + c$$

$$= -\ln|\cos x| + c$$

Correct Answer - B

8. $\int_0^4 \sqrt{2x+1} \, dx$

A) $\dfrac{25}{3}$ B) $\dfrac{26}{3}$ c) 9

D) $\dfrac{28}{3}$ E) $\dfrac{29}{4}$

Solution:

$$\int_0^4 \sqrt{2x+1} \, dx = \int \sqrt{u} \, \frac{du}{2}$$

$$= \frac{1}{2} \int u^{1/2} \, du$$

$$\begin{cases} 2x+1 = u \\ 2dx = du \\ dx = \dfrac{du}{2} \end{cases} \Rightarrow = \frac{1}{2} \cdot \frac{u^{2/3}}{\frac{3}{2}}$$

$$= \frac{1}{3} \cdot u^{3/2}$$

$$= \frac{1}{3} \sqrt{(2x+1)^3} \, \Big|_0^4$$

$$= \frac{1}{3}\left(\sqrt{(2 \cdot 4 + 1D)^3} - \sqrt{(2 \cdot 0 + 1)^3}\right)$$

$$= \frac{1}{3}\left(\sqrt{9^3} - \sqrt{1^3}\right)$$
$$= \frac{1}{3}(27 - 1)$$
$$= \frac{26}{3}$$

Correct Answer - B

9. $\int_0^2 |x^2 - 1|\,dx = ?$

A) − 4 B) − 2 C) 2 D) 4 E) 6

Solution:

$$\int_0^2 |x^2 - 1|\,dx = \int_0^1 (-x^2 + 1)\,dx + \int_1^2 (x^2 - 1)\,dx$$

$$= \left(-\frac{x^3}{3} + x\right)\Big|_0^1 + \left(\frac{x^3}{3} - x\right)\Big|_1^2$$

$$= \left(-\frac{1}{3} + 1\right) + \left[\left(\frac{8}{3} - 2\right) - \left(\frac{1}{3} - 1\right)\right]$$

$$= \frac{2}{3} + \left[\frac{2}{3} + \frac{2}{3}\right]$$

$$= \frac{2}{3} + \frac{4}{3}$$

$$= 2$$

Correct Answer - C

10. $\int \dfrac{x}{x^2 + 1} \, dx = ?$

A) 0 B) $\ln \sqrt{\dfrac{1}{2}}$ C) $\ln \sqrt{2}$

D) $\ln \sqrt{3}$ E) $\ln 2$

Solution:

$$\int_0^1 \dfrac{x}{x^2+1} \, dx = \int \dfrac{\frac{du}{2}}{u}$$

$$= \dfrac{1}{2} \cdot \int \dfrac{du}{u}$$

$\begin{cases} x^2 + 1 = u \\ 2x\,dx = du \\ x\,dx = \dfrac{du}{2} \end{cases} \Rightarrow = \dfrac{1}{2} \cdot \ln|u| \Big|_0^1$

$$= \dfrac{1}{2} \cdot [\ln 2 - \ln 1]$$

$$= \dfrac{1}{2} \cdot \ln 2$$

$$= \ln \sqrt{2}$$

Correct Answer - C

11. $\int_0^{\pi/2} \dfrac{\cos x}{(1 + \sin x)^3} \, dx = ?$

A) 1   B) $\frac{1}{2}$ C) $\frac{1}{3}$ D) $\frac{1}{4}$ E) $\frac{1}{5}$

Solution:

$$\int_0^{\pi/2} \frac{\cos x}{(1+\sin x)^3} dx = \int_0^{\pi/2} \frac{du}{u^3}$$

$$= \int_0^{\pi/2} u^{-3} du \qquad \begin{aligned} 1+\sin x &= u \\ \cos x\, dx &= du \end{aligned}$$

$$= \frac{u^{-2}}{-2} \bigg|_0^{\pi/2}$$

$$= -\frac{1}{2u^2} \bigg|_0^{\pi/2}$$

$$= -\frac{1}{2\cdot(1+\sin x)^2} \bigg|_0^{\pi/2}$$

$$= -\frac{1}{2}\left(\frac{1}{1+\sin\frac{\pi}{2}} - \frac{1}{1+\sin 0} \right)$$

$$= -\frac{1}{2}\left(\frac{1}{2} - 1\right) = -\frac{1}{2}\cdot\left(-\frac{1}{2}\right) = \frac{1}{4}$$

Correct Answer - D

12. $\int_0^2 \frac{dx}{4+x^2} = ?$

A) $\frac{\pi}{4}$ B) $\frac{3\pi}{4}$ C) $\frac{\pi}{8}$ D) 2   E) $\frac{1}{8}$

Solution:

$$\int_0^2 \frac{dx}{4+x^2} = \frac{1}{4} \int_0^2 \frac{dx}{1+\left(\frac{x}{2}\right)^2}$$

$$= \frac{1}{4} \int_0^2 \frac{2du}{1+u} = \frac{1}{2} \arctan u \Big|_0^2$$

$$= \frac{1}{2} \arctan \frac{x}{2} \Big|_0^2$$

$$= \frac{1}{2} \arctan 1 - \frac{1}{2} \arctan 0$$

$$= \frac{1}{2} \cdot \frac{\pi}{4} - \frac{1}{2} \cdot 0$$

$$= \frac{\pi}{8}$$

Correct Answer - C

13. Shaded Area

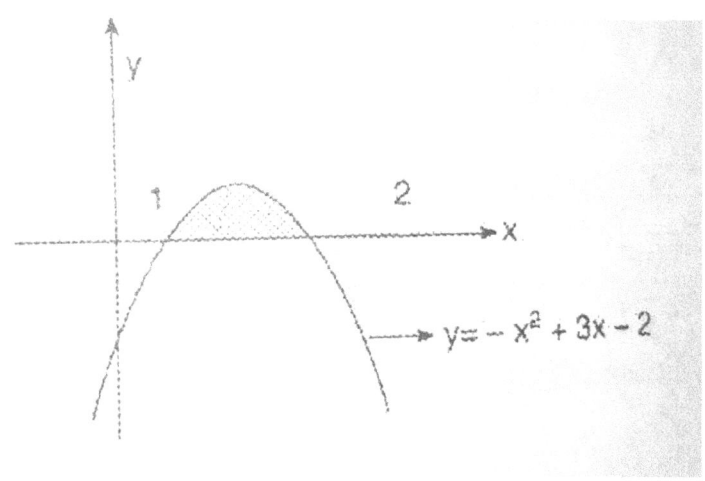

A) $\dfrac{1}{2}$ B) $\dfrac{1}{3}$ C) $\dfrac{1}{4}$ D) $\dfrac{1}{6}$ E) $\dfrac{1}{5}$

Solution:

$$S = \int_1^2 (-x^2 + 3x - 2)\, dx$$

$$= \left(-\dfrac{x^3}{3} + 3\cdot\dfrac{x^2}{2} - 2x\right)\bigg|_1^2$$

$$= \left(-\dfrac{2^3}{3} + 3\cdot\dfrac{2^2}{2} - 2\cdot 2\right) - \left(-\dfrac{1^3}{3} + 3\cdot\dfrac{1}{2} - 2\cdot 1\right)$$

$$= \left(-\dfrac{8}{3} + 6 - 4\right) - \left(-\dfrac{1}{3} + \dfrac{3}{2} - 2\right)$$

$$= -\dfrac{8}{3} + 2 + \dfrac{1}{3} + \dfrac{1}{2}$$

$$= -\dfrac{7}{3} + \dfrac{5}{2}$$

$$= \dfrac{1}{6}$$

Correct Answer - D

14. $\displaystyle\int_{1/2}^{\sqrt{3}/2} \dfrac{dx}{\sqrt{1-x^2}} = ?$

A) $\dfrac{\pi}{6}$ B) $\dfrac{\pi}{3}$ C) $\dfrac{2\pi}{3}$ D) π E) $5\pi/6$

Solution:

$$\int_{\frac{1}{2}}^{\sqrt{3}/2} \frac{dx}{\sqrt{1-x^2}} = \Big|_{1/2}^{\sqrt{3}/2}$$

$$= \arcsin\frac{\sqrt{3}}{2} - \arcsin\frac{1}{2}$$

$$= \frac{\pi}{3} - \frac{\pi}{6} = \frac{\pi}{6}$$

Correct Answer – A

15. Shaded Area

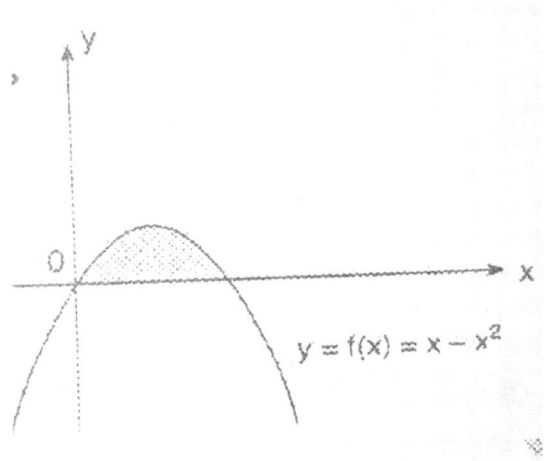

A) 4   B) 2   C) $\dfrac{1}{2}$ D) $\dfrac{1}{4}$ E) $\dfrac{1}{6}$

Solution:

$x^2 = x$

$x^2 - x = 0$

$x \cdot (x - 1) = 0$

$x = 0$ (or) $x = 1$

$S = \displaystyle\int_0^1 (x - x^2)\, dx$

$$= \left(\frac{x^2}{2} - \frac{x^3}{3}\right)\Big|_0^1$$

$$= \frac{1}{2} - \frac{1}{3}$$

$$= \frac{1}{6}$$

Correct Answer - E

16. $\int_{-1}^{1}(x^2 + 2x - 1)dx = ?$

A) 2   B) 1   C) $\frac{4}{3}$ D) $-\frac{1}{3}$ E) $-\frac{4}{3}$

Solution:

$$\int_{-1}^{1}(x^2 + 2x - 1)dx = \left(\frac{x^3}{3} + \frac{2.x^2}{2} - x\right)\Big|_{-1}^{1}$$

$$= \left(\frac{1}{3} + 1 - 1\right) - \left(-\frac{1}{3} + 1 + 1\right)$$

$$= \frac{1}{3} + \frac{1}{3} - 2$$

$$= \frac{2}{3} - 2$$

$$= -\frac{4}{3}$$

Correct Answer - E

17. $\int x \cdot \sin x \, dx = ?$

A) $-x \cdot \cos x + \sin x + c$ B) $-x \cdot \sin x + \cos x + c$

C) $-x \cdot \cos x + \cos x + c$ D) $x \cdot \cos x + \sin x + c$

E) $x \cdot \cos x + \sin x + c$

Solution:

$x = u, \quad \sin x \, dx = dv$

$dx = du, \quad -\cos x = v$

$\int x \cdot \sin x \, dx = x \cdot (-\cos x) - \int (-\cos x) \, dx$

$\qquad \qquad = -x \cdot \cos x + \int \cos x \, dx$

$\qquad \qquad = -x \cdot \cos x + \sin x + c$

Correct Answer - A

18. $\int_0^\pi \dfrac{dx}{x^2 - 4} = ?$

A) $2 \cdot \ln \left| \dfrac{x+2}{x-2} \right| + c$
B) $\dfrac{1}{4} \cdot \ln \left| \dfrac{x-2}{x+2} \right| + c$

C) $\dfrac{1}{4} \cdot \ln \left| \dfrac{x+2}{x-2} \right| + c$
D) $\dfrac{1}{2} \cdot \ln \left| \dfrac{x+2}{x-2} \right| + c$

E) $\dfrac{1}{2} \cdot \ln \left| \dfrac{x-2}{x+2} \right| + c$

Solution:

$\dfrac{1}{x^2 - 4} = \dfrac{A}{x - 2} + \dfrac{B}{x + 2}$

$\begin{cases} A + B = 0 \\ 2A - 2B = 1 \end{cases} \Rightarrow A = \dfrac{1}{4}, \quad B = -\dfrac{1}{4}$

$\int \dfrac{dx}{x^2 - 4} = \int \left(\dfrac{\frac{1}{4}}{x - 2} - \dfrac{\frac{1}{4}}{x + 2} \right) dx$

$$= \frac{1}{4} \cdot \int \left(\frac{1}{x-2} - \frac{1}{x+2}\right) dx$$

$$= \frac{1}{4} \cdot (\ln|x-2| - \ln|x+2|)$$

$$= \frac{1}{4} \cdot \ln\left|\frac{x-2}{x+2}\right| + c$$

Correct Answer - B

19. $f'(x) = x^2 + 3x$, $f(1) = 5 \Rightarrow f(2) = ?$

A) $\dfrac{23}{2}$ B) $\dfrac{35}{3}$ C) $\dfrac{71}{6}$ D) 12   E) $\dfrac{73}{6}$

Solution:

$f'(x) = x^2 + 3x$

$$\int f'(x)dx = \int (x^2 + 3x) \, dx$$

$$f(x) = \frac{x^3}{3} + \frac{3x^2}{2} + c$$

$$f(1) = \frac{1}{3} + \frac{3}{2} + c = 5$$

$$c = 5 - \frac{11}{6}$$

$$c = \frac{19}{6}$$

$$f(2) = \frac{2^3}{3} + \frac{3 \cdot 2^2}{2} + \frac{19}{6}$$

$$= \frac{71}{6}$$

Correct Answer - C

20. $\int_{a}^{b} (4x - 1)dx = 12$, $a - b = -4 \Rightarrow a \cdot b = ?$

A) 4   B) 3   C) 0   D) −3   E) −4

Solution:

$$\int_a^b (4x-1)\,dx = 12$$

$$\left(\frac{4x^2}{2} - x\right)\Big|_a^b = 12$$

$$(2b^2 - b) - (2a^2 - a) = 12$$

$$2b^2 - b - 2a^2 + a = 12$$

$$2\cdot(b^2 - a^2) + a - b = 12$$

$$2\cdot(b-a)\cdot(b+a) + a - b = 12$$

$$2\cdot 4\cdot(b+a) - 4 = 12$$

$$8\cdot(b+a) = 16$$

$$b + a = 2$$

$$+\quad a - b = -4$$

$$2a = -2$$

$$a = -1,\ b = 3$$

$$a\cdot b = -1\cdot 3$$

$$= -3$$

Correct Answer - D

21. $\int_0^{\pi/4} (\cos^2 x - \sin^2 x)\,dx = ?$

A) $-\dfrac{1}{4}$ B) $-\dfrac{1}{2}$ C) $\dfrac{1}{8}$ D) $\dfrac{1}{4}$ E) $\dfrac{1}{2}$

Solution:

$$\int_0^{\pi/4} (\cos^2 x - \sin^2 x)\, dx = \int_0^{\pi/4} \cos 2x\, dx$$

$$= \left.\dfrac{\sin 2x}{2}\right|_0^{\pi/4}$$

$$= \dfrac{1}{2}\left(\sin\dfrac{\pi}{2} - \sin 0\right)$$

$$= \dfrac{1}{2}(1 - 0)$$

$$= \dfrac{1}{2}$$

Correct Answer - E

22. $\dfrac{d}{dx}\left(\displaystyle\int_1^{-8}(x^3 - 5x^2)\, dx\right) = ?$

A) -2 B) -1 C) 0 D) 1 E) 2

Solution:

$$\int_1^{-8}(x^3 - 5x^2)\, dx = a, \quad a \in \mathbb{R}$$

$$\Rightarrow \dfrac{d}{dx}a = 0$$

Correct Answer - C

Questions

1. $\dfrac{df(x)}{dx} = f'(x) = 3x^2 - 6x + 3 , f(1) = 2 \Rightarrow f(-1) = ?$

A) 0   B) − 1   C) − 2   D) − 3   E) − 6

Solution:

$f'(x) = 3x^2 - 6x + 3$

$f(x) = 3 \cdot \dfrac{x^3}{3} - 6 \cdot \dfrac{x^2}{2} + 3x + c$

$f(x) = x^3 - 3x^2 + 3x + c$

$f(1) = 1^3 - 3 \cdot 1^2 + 3 \cdot 1 + c$

$\quad\quad = 1 + c$

$1 + c = 2 \Rightarrow c = 1$

$f(x) = x^3 - 3x^2 + 3x + 1$

$f(-1) = (-1)^3 - 3 \cdot (-1)^2 + 3 \cdot (-1) + 1$

$f(-1) = -1 - 3 - 3 + 1$

$f(-1) = -6$

Correct Answer - E

2. $\displaystyle\int_0^1 x^2 \cdot e^{x^3} \, dx = ?$

A) 1   B) e   C) e − 1

D) 3(e − 1)   E) $\dfrac{1}{3}(e - 1)$

Solution:

$x^3 = u$

$3x^2 \, dx = du$

$x^2 \, dx = \dfrac{du}{3}$

$\displaystyle\int_0^1 x^2 \cdot e^{x^3} \, dx = \int e^u \dfrac{du}{3}$

$\phantom{\displaystyle\int_0^1 x^2 \cdot e^{x^3} \, dx} = \dfrac{1}{3} \int e^u \, du$

$\phantom{\displaystyle\int_0^1 x^2 \cdot e^{x^3} \, dx} = \dfrac{1}{3} e^u$

$\phantom{\displaystyle\int_0^1 x^2 \cdot e^{x^3} \, dx} = \dfrac{1}{3} e^{x^3} \Big|_0^1$

$\phantom{\displaystyle\int_0^1 x^2 \cdot e^{x^3} \, dx} = \dfrac{1}{3} \cdot (e^1 - e^0)$

$\phantom{\displaystyle\int_0^1 x^2 \cdot e^{x^3} \, dx} = \dfrac{1}{3} (e - 1)$

Correct Answer - E

3. $\displaystyle\int_{-b}^{b} (ax + b) \, dx = 4 \Rightarrow b = ?$

A) $\sqrt{2}$ B) $\sqrt{3}$ C) 2 D) 3 E) 4

Solution:

$\displaystyle\int_{-b}^{b} (ax + b) \, dx = a \int x \, dx + \int b \, dx$

$$= \left(a \cdot \frac{x^2}{2} + bx\right) \Big|_{-b}^{b}$$

$$= a \cdot \frac{b^2}{2} + b^2 - \left(\frac{ab^2}{2} - b^2\right)$$

$$= \frac{ab^2}{2} + b^2 - \frac{ab^2}{2} + b^2$$

$$= 2b^2$$

$2b^2 = 4$

$b^2 = 2$

$b = \sqrt{2}$

Correct Answer - A

4. $\int_{1}^{a} x \cdot e^x \, dx = 3 \cdot (\ln 3 - 1) \Rightarrow a = ?$

A) $\ln 3 + 1$ B) $\ln 3$ C) $\ln 3 - 2$

D) $\ln 3 - 1$ E) $\dfrac{\ln 3}{2}$

Solution:

$\int u \cdot dv = u \cdot v - \int v \, du$

$x = u$ $e^x = dv$

$dx = du$ $e^x = v$

$\int_{1}^{a} x \cdot e^x \, dx = x \cdot e^x - \int e^x \, dx$

$$= (x \cdot e^x - e^x) \Big|_1^a$$
$$= ae^a - e^a - (e - e)$$
$$= ae^a - e^a$$
$$ae^a - e^a = 3 \cdot (\ln 3 - 1)$$
$$e^a \cdot (a - 1) = 3 \cdot (\ln 3 - 1)$$
$$e^a = 3$$
$$a = \ln 3$$

Correct Answer - B

5. $8 \int_0^{\pi/12} (\sin x \cdot \cos x \cdot \cos 2x) \, dx = ?$

A) $\dfrac{1}{4}$ B) $\dfrac{1}{2}$ C) 0   D) 1   E) -1

Solution:

$$\sin x \cdot \cos x = \frac{\sin 2x}{2}$$

$$\frac{\sin 2x}{2} \cdot \cos 2x = \frac{1}{2} \cdot \sin 2x \cdot \cos 2x$$

$$= \frac{1}{2} \cdot \frac{\sin 4x}{2}$$

$$= \frac{1}{4} \cdot \sin 4x$$

$$8 \int (\sin x \cdot \cos x \cdot \cos 2x) \, dx = 8 \int \frac{1}{4} \cdot \sin 4x \, dx$$

$$= 2 \int \sin 4x \, dx$$

$$= 2 \left(-\frac{\cos 4x}{4}\right)$$

$$= -\frac{\cos 4x}{2} \Big|_0^{\pi/12}$$

$$= -\frac{1}{2}\left(\cos 4 \cdot \frac{\pi}{12} - \cos 4 \cdot 0\right)$$

$$= -\frac{1}{2}\left(\cos \frac{\pi}{3} - \cos 0\right)$$

$$= -\frac{1}{2}\left(\frac{1}{2} - 1\right)$$

$$= \frac{1}{4}$$

Correct Answer - A

6. $\int_0^x (xt - t) \, dt = 2$, $x \in \mathbb{R} \Rightarrow x = ?$

A) 3   B) 2   C) 1   D) $\frac{5}{2}$ E) $\frac{3}{2}$

Solution:

$$\int_0^x (xt - t) \, dt = x \int_0^x t \, dt$$

$$= \left(x \cdot \frac{t^2}{2} - \frac{t^2}{2}\right) \Big|_0^x$$

$$= x \cdot \frac{x^2}{2} - \frac{x^2}{2}$$

$$\frac{x^3}{2} - \frac{x^2}{2} = 2$$

$x^3 - x^2 = 4$

$x = 2$

Correct Answer - B

7. $f(x) = x^2 \Rightarrow$

$S(AOB) = ? \, cm^2$

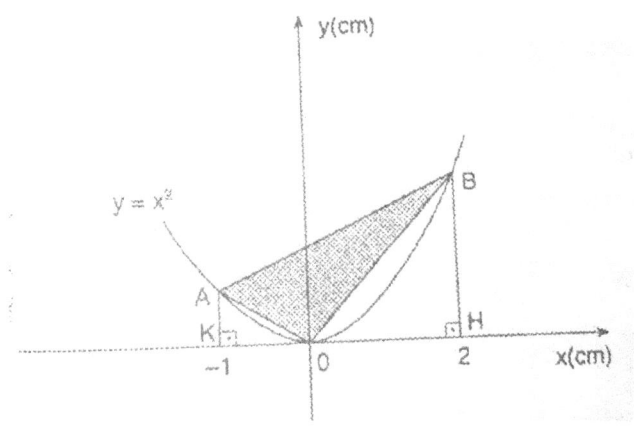

A) 1   B) 2   C) 3   D) 4   E) 5

Solution:

$x = 2 \Rightarrow f(2) = 2^2$

$f(2) = 4, \quad B(2,4)$

$|HB| = 4$

$x = -1 \Rightarrow f(-1) = (-1)^2$

$f(-1) = 1, \quad A(-1,1)$

|AK| = 1

$$S(AKHB) = \frac{(4+1) \cdot 3}{2} \Rightarrow S(AKHB) = \frac{15}{2}$$

$$S(AKO) = \frac{1}{2} \cdot S(OHB) = 4$$

$$S(AOB) = \frac{15}{2} - \left(\frac{1}{2} + 4\right) = 3$$

Correct Answer - C

8. $\int_0^1 \frac{5x^2 \, dx}{\sqrt{1-x^6}} = ?$

A) $\frac{3\pi}{2}$ B) $\frac{2\pi}{2}$ C) $\frac{4\pi}{3}$

D) $\frac{3\pi}{4}$ E) $\frac{5\pi}{6}$

Solution:

$$\int_0^1 \frac{5x^2 \, dx}{\sqrt{1-x^6}} = \int \frac{5x^2 \, dx}{\sqrt{1-(x^3)^2}}$$

$$= \int_0^1 \frac{5 \cdot \frac{du}{3}}{\sqrt{1-u^2}}$$

$$\begin{cases} x^3 = u \\ 3x^2 \, dx = du \\ x^2 \, dx = \frac{du}{3} \end{cases} \Rightarrow = \frac{5}{3} \int_0^1 \frac{du}{\sqrt{1-u^2}}$$

$$= \frac{5}{3} \arcsin u$$

$$= \frac{3}{5} \arcsin x^3 \Big|_0^1$$

$$= \frac{5}{3}(\arcsin 1 - \arcsin 0)$$

$$= \frac{5}{3}\left(\frac{\pi}{2} - 0\right)$$

$$= \frac{5\pi}{6}$$

Correct Answer - E

9. $\int \dfrac{x^2 \cdot \ln(x^3 + 1)}{x^3 + 1} dx = ?$

A) $\dfrac{[\ln(x^3 + 1)]^{-2}}{6} + c$

B) $\ln(x^3 + 1)^2 + c$

C) $\dfrac{1}{3} \ln(x^3 + 1) + c$

D) $\dfrac{1}{12} \ln(x^3 + 1) + c$

E) $\dfrac{1}{18} \ln(x^3 + 1) + c$

Solution:

$$\int \frac{x^2 \cdot \ln(x^3 + 1)}{x^3 + 1} dx = \int \frac{\ln u}{u} \cdot \frac{du}{3}$$

$$= \frac{1}{3} \int \frac{\ln u}{u} du$$

$$\begin{cases} x^3 + 1 = u \\ 3x^2 \, dx = du \\ x^2 \, dx = \dfrac{du}{3} \\ \ln u = t \\ \dfrac{1}{u} \, du = dt \end{cases} \Rightarrow \quad \begin{aligned} &= \dfrac{1}{3} \int t \, dt \\ &= \dfrac{1}{3} \cdot \dfrac{t^2}{2} \\ &= \dfrac{1}{6} t^2 \\ &= \dfrac{1}{6} \cdot (\ln u)^2 \\ &= \dfrac{1}{6} \cdot (\ln(x^3 + 1))^2 + c \end{aligned}$$

Correct Answer - A

10. $\displaystyle\int_1^4 \left(2x - \dfrac{1}{\sqrt{x}}\right) dx = ?$

A) $\dfrac{13}{2}$ B) $\dfrac{7}{2}$ C) 9
D) 11 E) 13

Solution:

$$\int_1^4 \left(2x - \dfrac{1}{\sqrt{x}}\right) dx = 2\int_1^4 x \, dx - \int_1^4 x^{-1/2} \, dx$$

$$= 2 \cdot \dfrac{x^2}{2} - \dfrac{x^{1/2}}{\frac{1}{2}}$$

$$= (x^2 - 2\sqrt{x}) \Big|_1^4$$

$$= 4^2 - 2 \cdot \sqrt{4} - (1 - 2\sqrt{1})$$

$$= 16 - 4 + 1$$

$= 13$

Correct Answer - E

11. $\int \dfrac{e^x}{3+5e^x} dx = ?$

A) $\ln(5 - e^x) + c$ B) $\ln(3 - e^x) + c$

C) $\ln(3 + e^x) + c$ D) $\dfrac{1}{10} \ln(3 + e^x) + c$

E) $\dfrac{1}{5} \ln(3 + 5e^x) + c$

Solution:

$\begin{cases} u = 3 + 5e^{\wedge}x \\ du = 5e^x dx \\ \dfrac{du}{5} = e^x dx \end{cases} \Rightarrow \int \dfrac{e^x}{3+5e^x} dx = \dfrac{1}{5} \int \dfrac{du}{u}$

$= \dfrac{1}{5} \ln u + c = \dfrac{1}{5} \ln(3 + 5e^x) + c$

Correct Answer - E

12. $\int \cos(3x - 2) dx = ?$

A) $\dfrac{1}{3} \sin(3x - 2) + c$ B) $\ln(3 - e^x) + c$

C) $\ln(3 + e^x) + c$ D) $\dfrac{1}{0} \ln(3 + e^x) + c$

E) $\dfrac{1}{5} \ln(3 + 5e^x) + c$

Solution:

$\begin{cases} u = 3x - 2 \\ du = 3dx \\ \dfrac{du}{3} = dx \end{cases} \Rightarrow \displaystyle\int \cos u \, \dfrac{du}{3} = \dfrac{1}{3} \sin u + c$

$= \dfrac{1}{3} \sin(3x - 2) + c$

Correct Answer - D

13. $\displaystyle\int_1^3 (|x - 2| + 2) \, dx = ?$

A) $\dfrac{7}{2}$ B) $\dfrac{9}{2}$ C) 4 D) 5 E) 7

Solution:

$\displaystyle\int_1^3 (|x - 2| + 2) dx = \int_1^2 (-x + 2 + 2) \, dx + \int_2^3 (x - 2 + 2) \, dx$

$= \displaystyle\int_1^2 (-x + 4) \, dx + \int_2^3 x \, dx = \left(-\dfrac{x^2}{2} + 4x\right) \Big|_1^2 + \dfrac{x^2}{2} \Big|_2^3$

$= \dfrac{9}{2} + \dfrac{5}{2} = 7$

Correct Answer - E

14. $\displaystyle\int \dfrac{x \, dx}{x^2 - 1} = ?$

A) $\dfrac{1}{2} \ln \left|\dfrac{x - 1}{x + 1}\right| + c$
B) $\dfrac{1}{2} \ln \left|\dfrac{x + 1}{x - 1}\right| + c$

C) $\frac{1}{2} \ln|x^2 - 1| + c$ D) $\frac{1}{2} \ln|x^2 + 1| + c$

E) $\frac{3}{2} \ln|x^2 - 1| + c$

Solution:

$$\int \frac{x \, dx}{x^2 - 1} = \frac{1}{2} \int \frac{du}{u} = \frac{1}{2} \ln|u| + c$$

$$= \frac{1}{2} \ln|x^2 - 1| + c$$

Correct Answer - C

15. $\int_0^{-\pi/2} \cos x \cdot \sin x \, e^{\sin^2 x} \, dx = ?$

A) $e - 2$ B) $e + 2$ C) $\frac{1}{4}(e - 1)$

D) $\frac{1}{2}(e + 1)$ E) $\frac{1}{2}(e - 1)$

Solution:

$\sin^2 x = u \Rightarrow 2 \sin x \cos x \, dx = du$

$\sin x \cos x \, dx = \dfrac{du}{2}$

$$\int_0^{-\pi/2} \cos x \cdot \sin x \, e^{\sin^2 x} \, dx = \frac{1}{2} \int_0^{-\pi/2} e^u \, du = \frac{1}{2} \int_0^{-\pi/2} e^u$$

$$= \frac{1}{2} \int_0^{-\pi/2} e^u \sin^2 x$$

$$= \frac{1}{2} e^{\sin\left(-\frac{\pi}{2}\right)^2} - \frac{1}{2} e^{\sin^2 0}$$

$$= \frac{1}{2} e - \frac{1}{2}$$

$$= \frac{1}{2}(e - 1)$$

Correct Answer - E

16. $S = 288 \Rightarrow m = ?$

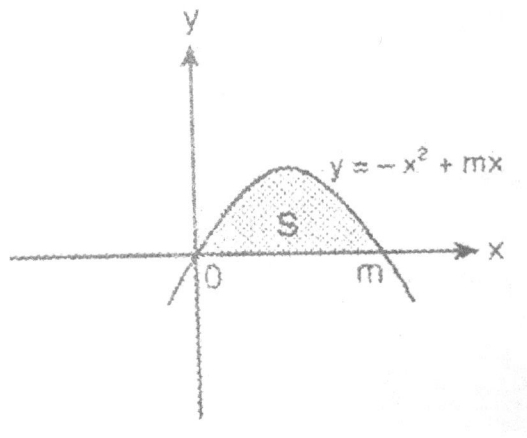

[Chart]

A) 10   B) 12   C) 13   D) 14   E) 15

Solution:

$$\int_0^m (-x^2 + mx)\, dx = \left|_0^m -\frac{x^3}{3} + \frac{mx^2}{2}\right.$$

$$= \left(-\frac{m^3}{3} + \frac{m^3}{2}\right) - (0 + 0) = 288$$

$$= \frac{m^3}{6} = 288 \Rightarrow m = 12$$

Correct Answer - B

17. $\int_{-2}^{2} |x^2 - 4| \, dx = ?$

A) $\frac{16}{3}$ B) $\frac{29}{3}$ C) $\frac{32}{3}$

D) 8   E) 16

Solution:

$$\int_{-2}^{2} |x^2 - 4| \, dx = \int_{-2}^{2} (x^2 - 4) dx = \left(4x - \frac{x^3}{3}\right)\Big|_{-2}^{2}$$

$$= \left[\left(8 - \frac{8}{3}\right) - \left(-8 + \frac{8}{3}\right)\right] = \frac{32}{3}$$

Correct Answer - C

18. $\int \frac{x}{\sqrt{16 - x^2}} \, dx = ?$

A) $\sqrt{4 + x^2} + C$ B) $\sqrt{16 + x^2} + C$ C) $-\sqrt{4 - x^2} + C$

D) $-\sqrt{16 - x^2} + C$ E) $-2\sqrt{16 - x^2} + C$

Solution:

$16 - x^2 = u$

$-2x \, dx = du$

$$x \, dx = -\frac{du}{2}$$

$$\int x \frac{x}{\sqrt{16-x^2}} \, dx = \int \frac{-\frac{du}{2}}{\sqrt{u}}$$

$$= -\frac{1}{2} \int u^{-1/2} \, du = -\frac{1}{2} \cdot \frac{u^{1/2}}{\frac{1}{2}} + C$$

$$= -u^{1/2} + C = -(16-x^2)^{1/2} + C$$

$$= -\sqrt{16-x^2} + C$$

Correct Answer - D

Integral

Test 1

1. $\int_1^2 \dfrac{2x^3 + 1}{x^2}\, dx = ?$

A) 3 B) $\dfrac{7}{2}$ C) 4 D) $\dfrac{9}{2}$ E) 5

2. $f'(x) = 12x^3 - 6x + 1$, $f(-1) = 5$, $f(1) = ?$

A) 5 B) 6 C) 7 D) 8 E) 9

3. $\int (3x - 2) f(x)\, dx = 2x^3 + \dfrac{5}{2} x^2 - 6x + c$

$\Rightarrow f(-1) = ?$

A) -2 B) -1 C) 0 D) 1 E) 2

4. $\int_1^2 \dfrac{dx}{3x + 1} = ?$

A) $\dfrac{1}{2} \ln 14$ B) $\dfrac{1}{4} \ln \dfrac{7}{3}$ C) $\dfrac{1}{4} \ln \dfrac{3}{7}$ D) $\dfrac{1}{3} \ln \dfrac{4}{7}$ E) $\dfrac{1}{3} \ln \dfrac{7}{4}$

5. $\int \left(\dfrac{x+1}{x}\right) dx = ?$

A) $x + \ln|x| + c$ B) $x - \ln|x| + c$ C) $x \cdot \ln|x| + c$

D) $\dfrac{x}{\ln|x|} + c$ E) $\dfrac{\ln|x|}{x} + c$

6. $\displaystyle\int_0^1 \dfrac{3x\,dx}{x+1} = ?$

A) $\ln\dfrac{e^3}{2}$ B) $\ln\dfrac{e^3}{8}$ C) $\ln\dfrac{e}{2}$ D) $\ln\dfrac{e}{8}$ E) $\ln 8e$

7. $\displaystyle\int_2^4 xy\,dy = 12 \Rightarrow x = ?$

A) 2   B) 3   C) 4   D) 5   E) 6

8. $\displaystyle\int_1^0 \dfrac{\ln x}{x}\,dx = ?$

A) $-\dfrac{1}{4}$ B) $-\dfrac{1}{2}$ C) 0   D) $\dfrac{1}{2}$ E) $\dfrac{1}{4}$

9. $\displaystyle\int_0^1 \dfrac{dx}{x^2+1} = ?$

A) $\dfrac{\pi}{12}$ B) $-\dfrac{\pi}{8}$ C) $\dfrac{\pi}{6}$ D) $\dfrac{\pi}{5}$ E) $\dfrac{\pi}{4}$

10. $\displaystyle\int_0^1 \dfrac{3x^3}{x^2+3}\,dx = ?$

A) $\frac{3}{2}\ln\frac{e}{4}$ B) $\frac{3}{2}\cdot\ln\frac{27e}{64}$ C) $\frac{3}{2}\ln\frac{e}{4}$ D) $\frac{3}{2}\ln\frac{3}{4}$ E) $\frac{3}{2}\ln\frac{1}{4}$

11. $\int_0^a (4x - 5)\, dx = 12 \Rightarrow a = ?$

A) 0   B) 1   C) 2   D) 3   E) 4

12. $\int_0^1 (x^2 + e^x)\, dx = ?$

A) $e + \frac{4}{3}$ B) $e - \frac{4}{3}$ C) $e - \frac{2}{3}$ D) $e + \frac{2}{3}$ E) $e - \frac{3}{4}$

13. $\int_0^{\pi/2} \sin^2 x \cdot \cos x\, dx = ?$

A) $\frac{1}{3}$ B) $\frac{1}{6}$ C) 0   D) $-\frac{1}{3}$ E) $-\frac{1}{6}$

14. $b - a = 5$, $\int_a^b (2x + 1)\, dx = 25 \Rightarrow b = ?$

A) $\frac{5}{2}$ B) 3   C) $\frac{7}{2}$ D) 4   E) $\frac{9}{2}$

15. $\int_0^2 (x - 1)(x + 2)\, dx = ?$

A) $\frac{1}{3}$ B) $\frac{2}{5}$ C) $\frac{1}{2}$ D) $\frac{2}{3}$ E) 1

16. $\int_0^1 \left(\frac{1-\sqrt{x}}{\sqrt{x}}\right) dx = ?$

A) 1   B) 2   C) 3   D) 4   E) 5

17. $\int_0^1 x^2 (x^3 + 2)^2 dx = ?$

A) 1   B) $\frac{4}{3}$ C) $\frac{19}{9}$ D) 2   E) $\frac{7}{3}$

18. $\int_0^{\pi/2} \cos^2 x \, dx = ?$

A) $\frac{\pi}{6}$ B) $\frac{\pi}{4}$ C) $\frac{\pi}{3}$ D) $\frac{\pi}{2}$ E) $\frac{3\pi}{3}$

19. $\int_1^2 x^2 \cdot \ln x \, dx = ?$

A) $\frac{8}{3}\ln 2 - \frac{5}{9}$ B) $\frac{8}{3}\ln 2 - \frac{2}{3}$ C) $\frac{8}{3}\ln 2 - \frac{7}{9}$

D) $\frac{1}{3}\ln 2$ E) $\frac{2}{3}\ln 2$

20. $\int_0^{e-1} \dfrac{x-1}{x+1} \, dx = ?$

A) $e-6$ B) $e-5$ C) $e-4$ D) $e-3$ E) $e-2$

21. $\int_0^{\pi/2} x \cdot \sin x \, dx = ?$

A) 1   B) 2   C) 3   D) 4   E) 5

22. $\int (x + f(x)) \, dx = x^2 + ax + b,\ f(3) = 5 \Rightarrow a = ?$

A) 1   B) 2   C) 3   D) 4   E) 5

Answers					
1. B	2. C	3. D	4. E	5. A	6. B
7. A	8. D	9. E	10. B	11. E	12. C
13. A	14. E	15. D	16. A	17. C	18. B
19. C	20. D	21. A	22. B		

Integral

Test 2

1. $f(x) = \dfrac{1}{x+2} \Rightarrow \displaystyle\int_2^3 d\left(f^{-1}(x)\right) = ?$

A) $-\dfrac{1}{12}$ B) $-\dfrac{1}{6}$ C) $-\dfrac{1}{3}$ D) $\dfrac{1}{3}$ E) $\dfrac{1}{6}$

2. $\displaystyle\int_{-1}^{2} (2x+1)(x^2+x+1)\,dx = ?$

A) 16 B) 20 C) 24 D) 28 E) 32

3. $\displaystyle\int_{-3}^{3} (x + |x|)\,dx = ?$

A) 1 B) 3 C) 6 D) 9 E) 12

4. $\displaystyle\int_{-2}^{3} |x^2 - 2x|\,dx = ?$

A) 8 B) $\dfrac{25}{3}$ C) $\dfrac{26}{3}$ D) 9 E) $\dfrac{28}{3}$

5. $\displaystyle\int_0^{\pi/4} (\cos x + \sin x)\,dx = ?$

A) 1 B) $\dfrac{\sqrt{2}}{2}$ C) $\sqrt{2}$ D) $2\sqrt{2}$ E) 4

6. $\int_0^{\pi/4} \sin x \sin 2x \, dx = ?$

A) $\sqrt{2}$ B) $\dfrac{\sqrt{2}}{2}$ C) $\dfrac{\sqrt{2}}{3}$ D) $\dfrac{\sqrt{2}}{4}$ E) $\dfrac{\sqrt{2}}{6}$

7. $\int_0^{3/2} \dfrac{dx}{9 + 4x^2} = ?$

A) $\dfrac{\pi}{6}$ B) $\dfrac{\pi}{9}$ C) $\dfrac{\pi}{12}$ D) $\dfrac{\pi}{24}$ E) $\dfrac{\pi}{30}$

8. $\int_0^{\pi/2} \cos^2 x \, dx = ?$

A) π B) $\dfrac{\pi}{2}$ C) $\dfrac{\pi}{4}$ D) $\dfrac{\pi}{6}$ E) 8

9. $\int_1^{e^2} x \cdot \ln x \cdot dx = ?$

A) $\dfrac{e^2-1}{4}$ B) $\dfrac{4e^4 - e^4 + 1}{4}$ C) $\dfrac{4e^4 - e^2}{4}$

D) $\dfrac{3e^2 + 1}{4}$ E) $\dfrac{e^4 - 4e^2 + 1}{4}$

10. $\int_0^1 \dfrac{2x}{3x + 4} \, dx = ?$

A) $\frac{3}{2}(1 + \ln 256)$ B) $\frac{1}{3}(1 + \ln 64)$ C) $\frac{2}{3}(1 + \ln 8)$

D) $\frac{2}{3}\left(1 + \frac{4}{3} \cdot \ln\frac{4}{7}\right)$ E) $\frac{2}{3}(1 + \ln 2)$

11. $\displaystyle\int_{\pi/6}^{\pi/4} \sqrt{1 - \cos 2x}\ dx = ?$

A) $\frac{\sqrt{6}+2}{2}$ B) $\frac{\sqrt{6}-1}{4}$ C) $\frac{\sqrt{6}+1}{2}$ D) $\frac{\sqrt{6}-1}{2}$ E) $\frac{\sqrt{6}-2}{2}$

12. $\displaystyle\int_{0}^{\sqrt{3}} \frac{x^2 - 1}{x^2 + 1}\ dx = ?$

A) $\sqrt{3} - \frac{\pi}{3}$ B) $\sqrt{3} - \frac{\pi}{2}$ C) $\sqrt{3} - \frac{\pi}{6}$

D) $\sqrt{3} - \frac{2\pi}{3}$ E) $\sqrt{3} - \frac{\pi}{4}$

13. $\displaystyle\int_{1}^{e^2} \frac{\ln x}{x}\ dx = ?$

A) -4 B) -2 C) 2 D) 4 E) 6

14. $\displaystyle\int_{0}^{\pi/2} x \cdot \cos x\ dx = ?$

A) $\pi - 1$ B) $\frac{\pi}{2} - 1$ C) $\frac{\pi}{2} - 2$ D) $\pi - 2$ E) $\frac{\pi}{3} - 1$

15. $\int_0^{\ln 3} \dfrac{e^x}{e^x + 1} dx = ?$

A) $\ln 2$ B) $\ln 4$ C) $\ln \dfrac{1}{2}$ D) $\ln 2\dfrac{1}{4}$ E) $\ln 8$

16. $\int_1^{\sqrt{3}} \dfrac{dx}{1 + x^2} = ?$

A) $\dfrac{\pi}{24}$ B) $\dfrac{\pi}{12}$ C) $\dfrac{\pi}{6}$ D) $\dfrac{\pi}{3}$ E) $\dfrac{\pi}{2}$

17. $\int_1^2 \dfrac{2}{x^2 + 2x} dx = ?$

A) $\ln \dfrac{1}{4}$ B) $\ln \dfrac{1}{2}$ C) $\ln \dfrac{3}{2}$ D) $\ln \dfrac{5}{2}$ E) $\ln 3$

18.

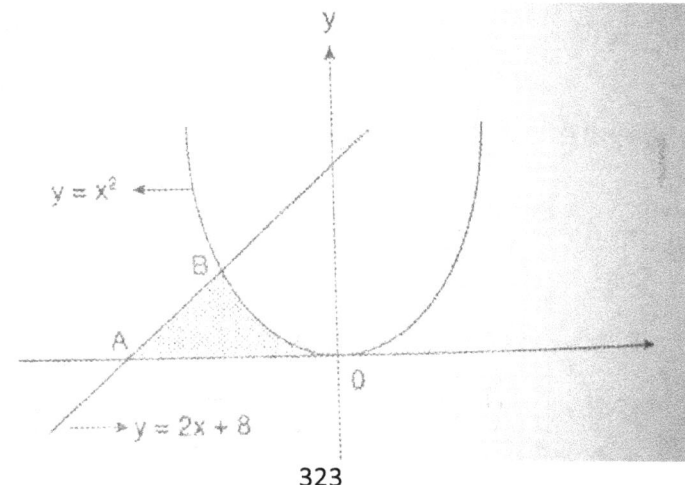

Shaded area = ? unit²

A) 4   B) $\frac{14}{3}$ C) $\frac{16}{3}$ D) 6   E) $\frac{20}{3}$

19. $f'(x) = 4x^3 - 3x^2 - 1$ ve $f(1) = 2 \Rightarrow f(3) = ?$

A) 24   B) 25   C) 26   D) 48   E) 54

20. $\int (2x - 1) \cdot f(x) \, dx = x^3 + x^2 - 3x + c \Rightarrow f(3) = ?$

A) 4   B) 5   C) 6   D) 7   E) 8

21. $f^{-1}(x) = \dfrac{3x - 1}{x + 4} \Rightarrow \int_{-1}^{1} d(f(x)) = ?$

A) $\dfrac{11}{4}$ B) $\dfrac{13}{4}$ C) $\dfrac{15}{4}$ D) $\dfrac{17}{4}$ E) 3

22. $\int_{-1}^{2} \dfrac{f'(x)}{f(x)} \, dx = ?$

A) $\ln \dfrac{e}{2}$ B) $\ln \dfrac{2}{e}$ C) $\ln 2e$ D) $\ln e^2$ E) $\ln 2 + 1$

23. $\int \dfrac{2x+1}{2x-1} dx = f(x), f(1) = 1 \Rightarrow f(3) = ?$

A) $2 + \ln 3$ B) $3 + \ln 2 + \ln 4$ C) $3 + \ln 5$ D) $5 + \ln 5$ E) 5

24. $\int_1^3 x \cdot y \cdot dy = 9 \Rightarrow x = ?$

A) 2 B) $\dfrac{9}{4}$ C) $\dfrac{5}{2}$ D) $\dfrac{11}{4}$ E) 3

25. $\int_9^{16} \dfrac{dx}{\sqrt{x}+x} = ?$

A) $\ln \dfrac{9}{25}$ B) $\ln \dfrac{16}{25}$ C) $\ln \dfrac{16}{9}$ D) $\ln \dfrac{9}{16}$ E) $\ln \dfrac{25}{16}$

26. $\int_1^2 5^{-2x+3} dx = ?$

A) $\dfrac{12}{5 \ln 5}$ B) $\dfrac{5}{12 \ln 5}$ C) $\dfrac{12}{3 \ln 5}$ D) $\ln \dfrac{9}{16}$ E) $\ln \dfrac{25}{16}$

27. $\int \dfrac{x-3}{x^2 - 4x - 5} dx = ?$

A) $\ln\left|\dfrac{x-3}{x^2-4x-5}\right|+c$ B) $\ln\sqrt{(x+1)^3\,|x-5|}+c$

C) $\ln|x^2-4x-5|+c$ D) $\ln\sqrt[3]{\dfrac{(x+1)^2}{x-5}}+c$

E) $\ln\sqrt[3]{(x+1)^2\,|x-5|}+c$

28. $\displaystyle\int \dfrac{2x^2+4x+1}{2x^2+1}\,dx = ?$

A) $x+\ln|2x^2+1|+c$ B) $x-\ln|x^2+1|+c$

C) $x-\ln|2x^2+1|+c$ D) $x+\ln|x^2+1|+c$

E) $2x+\ln|2x^2+1|+c$

Answers							
1. B	2. C	3. D	4. E	5. A	6. E		
7. D	8. C	9. B	10. D	11. E	12. D		
13. C	14. B	15. A	16. B	17. C	18. E		
19. E	20. C	21. B	22. A	23. C	24. B		
25. E	26. A	27. E	28. A				

Integral

Test 3

1. $\int (x^2 + 3x)^2 \cdot (2x + 3)dx = ?$

A) $\dfrac{(x^2+3x)^3}{3} + x^2 + c$ B) $(x^2 + 3x)^3 + c$ C) $\dfrac{(x^2+3x)^3}{3} + c$

D) $\dfrac{(2x+3)^3}{3} + c$ E) $4(x^2 + 3x)^3 + c$

2. $\int \dfrac{x\,dx}{(x^2+4)^3} = ?$

A) $-\dfrac{1}{(x^2+4)^2} + c$ B) $\ln(x^2+4) + c$ C) $\arctan(2x)$

D) $-\dfrac{1}{4(x^2+4)^2} + c$ E) $(x^2+4)^{-3} + c$

3. $\int \dfrac{\sin x}{\cos^2 x}\, dx = ?$

A) $\sec x + c$ B) $\tan x + c$ C) $\cot x + c$

D) $\operatorname{cosec} x + c$ E) $\sin x + c$

4. $\int \dfrac{e^x - e^{-x}}{2}\, dx = ?$

A) $\frac{1}{2}(e^x - e^{-x}) + c$ B) $(e^x + e^{-x}) + c$ C) $\frac{1}{2}(e^x + e^{-x}) + c$

D) $(e^x - e^{-x}) + c$ E) $(e^{2x} + e^{-2x}) + c$

5. $\int \frac{x}{x+1} dx = ?$

A) $\ln|x+1| + c$ B) $x + \ln|x+1| + c$ C) $\frac{1}{2}\ln|x+1| + c$

D) $x \cdot \ln|x+1| + c$ E) $x - \ln|x+1| + c$

6. $\int \frac{dx}{x^2 + 6x + 10} = ?$

A) $\frac{1}{2}\arctan(x+3) + c$

B) $\arctan(x+3) + c$ C) $2\arctan(x+3) + c$

D) $\arcsin(x+3) + c$ E) $\arccos(x+1) + c$

7. $\int \frac{dx}{\sqrt{4-(x-3)^2}} = ?$

A) $\arcsin(x-3) + c$ B) $\frac{1}{2}\arcsin x + c$ C) $\frac{1}{2}\arcsin\left(\frac{x-3}{2}\right) + c$

D) $\arccos\left(\dfrac{x-3}{2}\right) + c$ E) $\arcsin\left(\dfrac{x-3}{2}\right) + c$

8. $\displaystyle\int \dfrac{dx}{9x^2 + 4} = ?$

A) $\arctan\dfrac{3x}{4} + c$ B) $\dfrac{1}{3}\arctan\dfrac{3x}{2} + c$ C) $\dfrac{1}{6}\arctan\dfrac{3x}{2} + c$

D) $\dfrac{1}{4}\arctan\dfrac{x}{2} + c$ E) $\dfrac{1}{9}\arctan\dfrac{2x}{3} + c$

9. $\displaystyle\int \dfrac{5\,dx}{x^2 - 3x - 4} = ?$

A) $5\ln|x^2 - 3x - 4| + c$ B) $\ln\left|\dfrac{x-4}{x+1}\right| + c$ C) $\dfrac{1}{5}\ln\left|\dfrac{x-4}{x+1}\right| + c$

D) $\ln|x^2 - 3x - 4| + c$ E) $\arctan\left|\dfrac{x-4}{x+1}\right| + c$

10. $\displaystyle\int_{1}^{\sqrt{3}} \dfrac{2x + 1}{x^2 + 1}\,dx = ?$

A) $\ln 4 + \dfrac{\pi}{6}$ B) $\ln 2 + \dfrac{\pi}{2}$ C) $\ln 4 + \dfrac{\pi}{12}$

D) $\ln 2 + \dfrac{\pi}{12}$ E) $\ln 2 + \dfrac{\pi}{3}$

11. $\int_{-2}^{0} x\sqrt{2x^2 + 1} \, dx = ?$

A) -10 B) -5 C) $-\dfrac{13}{3}$ D) $-\dfrac{7}{2}$ E) $\dfrac{14}{3}$

12. $\int_{0}^{\pi/4} \sqrt{1 - \cos 2x} \, dx = ?$

A) $\sqrt{2} + 1$ B) $\dfrac{\sqrt{2}}{2} + 1$ C) $\sqrt{2} - 1$ D) $\dfrac{\sqrt{2}}{2} - 1$ E) $2\sqrt{2}$

13. $\int_{e}^{e^2} \dfrac{dx}{x(\ln x)^2} = ?$

A) $\dfrac{3}{2}$ B) $\dfrac{2}{3}$ C) $\dfrac{1}{2}$ D) $-\dfrac{1}{2}$ E) $\dfrac{3}{4}$

14. $\int_{0}^{4} |x - 2| \, dx = ?$

A) -2 B) -4 C) 1 D) 2 E) 4

15. $\int_{1}^{2} \dfrac{\ln x}{x} \, dx = ?$

A) ln 4 B) (ln 2) C) (ln 2)² D) $\frac{1}{2}$ (ln 2)² E) $\frac{1}{4}$ (ln 2)²

16. $\int_{1}^{2} \frac{2x^3 - 3x^2 + 1}{x^2} dx = ?$

A) $\frac{1}{2}$ B) 1 C) $\frac{3}{2}$ D) 2 E) $\frac{5}{2}$

17. $\int_{1-e}^{2} \frac{dx}{x+e} = ?$

A) e B) 1 + ln 2 C) ln(2 + e) D) 2 + ln 2 E) 2e

18. $\int_{0}^{\pi/4} \cos^2 x \, dx = ?$

A) $\frac{\pi}{2} + 1$ B) $\frac{1}{2} + \frac{\pi}{2}$ C) $\frac{1}{4} + \frac{\pi}{8}$ D) $\frac{1}{2} + \pi$ E) $-\pi$

19. $f(x) = \int_{0}^{\cos x} t \cdot dt \Rightarrow f'\left(\frac{\pi}{6}\right) = ?$

A) $\frac{\sqrt{2}}{2}$ B) $-\frac{\sqrt{3}}{4}$ C) $2\sqrt{3}$ D) $\frac{\sqrt{3}}{2}$ E) 0

20. $\int x^2 \ln x \cdot dx = ?$

A) $\dfrac{x^2}{2}\ln x - \dfrac{x^3}{3} + c$ B) $\dfrac{x^3}{3}\ln x - \dfrac{x^3}{9} + c$ C) $\ln x - \dfrac{x^3}{9} + c$

D) $x^3 \cdot \ln x - x^3 + c$ E) $x^2 \ln x - x \ln x + c$

Answers					
1. C	2. D	3. A	4. C	5. E	6. B
7. E	8. C	9. B	10. D	11. C	12. C
13. C	14. E	15. D	16. A	17. C	18. C
19. B	20. B				

Integral

Test 4

1. $\int 3x^2 + 2\sqrt{x} + 4 \, dx = ?$

A) $x^3 + 4\sqrt{x^3} + 4x + C$ B) $3x^3 + \sqrt{x} + 4x + C$

C) $x^3 + \dfrac{4}{3}\sqrt{x^3} + 4x + C$ D) $x^3 + 3\sqrt{x^3} + 4x + C$

E) $x^3 + 3\sqrt{x^3} + 4 + C$

2. $\int \dfrac{3x^2 + 4}{(x^3 + 4x)^2} \, dx = ?$

A) $\ln|x^3 + 4x| + C$ B) $\ln|3x^2 + 4| + C$ C) $x^3 + 4x + C$

D) $-x^3 - 4x + C$ E) $-\dfrac{1}{x^3 + 4x} + C$

3. $\int x^2 (x^3 + 1)^2 \, dx = ?$

A) $\dfrac{(x^3 + 1)^3}{3} + C$ B) $\dfrac{(x^3 + 1)^3}{9} + C$ C) $\dfrac{(x^3 + 1)^2}{3} + C$

D) $\dfrac{(x^3 + 1)^2}{9} + C$ E) $3x + 1 + C$

4. $\int (e^{3x} + 5^{2x})\, dx = ?$

A) $e^{3x} + 2 \cdot 5^{2x} \ln 5 + C$ B) $\dfrac{e^{3x}}{3} + \dfrac{2 \cdot 5^{2x}}{\ln 5} + C$

C) $\dfrac{e^{2x}}{3} + \dfrac{5^{2x}}{2\ln 5} + C$ D) $\dfrac{e^{3x}}{3} + \dfrac{5^{2x}}{2\ln 5} + C$

E) $e^{3x} + \dfrac{\ln 5 \cdot 5^{2x}}{2} + C$

5. $\int \dfrac{\cos x}{2 + \sin x}\, dx = ?$

A) $\dfrac{1}{(2 + \sin x)^2} + C$

B) $\ln(2 + \sin x) + C$ C) $2\ln(2 + \sin x) + C$

D) $\dfrac{1}{\ln(2 + \sin 2x)} + C$ E) $\ln(\cos x)^2 + C$

6. $\int \dfrac{\cos x}{1 + \sin^2 x}\, dx = ?$

A) $\arctan x + C$ B) $\operatorname{arccot} x + C$ C) $\arctan(\sin x) + C$

D) $\arctan(\sin x) + C$ E) $\arcsin x + C$

7. $\int \dfrac{\ln(\sin x) \cdot \cos x}{\sin x} dx = ?$

A) $\dfrac{\ln|\cos x|}{2} + C$ B) $\dfrac{\ln|\sin x|}{2} + C$ C) $\dfrac{\ln^2|\sin x|}{2} + C$

D) $\dfrac{\ln|\arcsin x|}{2} + C$ E) $\dfrac{\ln|\sin x| + \cos x}{2} + C$

8. $\int \dfrac{2x+1}{x} dx = ?$

A) $2x + \ln|x| + C$ B) $2 + \ln|x| + C$ C) $\dfrac{2}{x^2} + C$

D) $\dfrac{x^2}{2} + \ln|x| + C$ E) $2x + \ln x^2 + C$

9. $\int (x^2 y + e^x y + e^y) \, dy = ?$

A) $\dfrac{x^{3y}}{3} + e^x y + xe^y + C$ B) $\dfrac{x^2 y^2}{2} + e^x y + e^y + C$

C) $\dfrac{y^2(x^2 + e^x)}{2} + e^y + C$ D) $x^2 y + \dfrac{e^x y^2}{2} + C$

E) $\dfrac{x^2 + y^2}{2} + \dfrac{e^x y^2}{2} + xe^y + C$

10. $\int \cos(\cos^2 x) \cdot \sin 2x \, dx = ?$

A) $-\sin(\cos^2 x) + C$ B) $-\cos(\cos^2 x) + C$

C) $\sin(\cos^2 x) + C$

D) $-2\sin(\cos x) + C$ E) $-\sin(\cos x) + C$

11. $\int (2x+1) f(x) dx = 2x^3 + 5x^2 + 10x + C \Rightarrow f(-1) = ?$

A) -12 B) -8 C) -6 D) 3 E) 12

12. $\int \dfrac{x^2 \arctan x^3}{1+x^6} \, dx = ?$

A) $\dfrac{(\arctan x^3)}{3} + C$ B) $\dfrac{\arctan x^2}{6} + C$ C) $\dfrac{(\arctan x^3)^2}{3} + C$

D) $\dfrac{(\arctan x^3)^2}{6} + C$ E) $\dfrac{(\arctan x^3)^2}{2} + C$

13. $\int \dfrac{1}{\sqrt{81-9x^2}} \, dx = ?$

A) $\arctan\dfrac{x}{3} + C$ B) $\dfrac{\arctan\dfrac{x}{3}}{9} + C$ C) $\dfrac{\arctan\dfrac{x}{3}}{2} + C$

D) $\dfrac{\arctan\frac{x}{3}}{3} + C$ E) $\dfrac{1}{3}\arcsin\dfrac{x}{3} + C$

14. $\displaystyle\int \dfrac{1}{x^2 + 6x + 10}\, dx = ?$

A) $\arcsin(x + 3) + C$

B) $2\arctan(x + 3) + C$ C) $\dfrac{\arctan(x + 3)}{2} + C$

D) $\dfrac{\arcsin(x + 3)}{2} + C$ E) $\arctan(x + 3) + C$

15. $\displaystyle\int \dfrac{e^{\tan x}}{\cos^2 x}\, dx = ?$

A) $\arctan(\cos x) + C$ B) $\tan(\cos x) + C$ C) $e^{\sin^2 x} + C$

D) $e^{\cos^2 x} + C$ E) $e^{\tan x} + C$

16. $\displaystyle\int \dfrac{2^x}{2^{x+1} + 4^x + 1}\, dx = ?$

A) $\dfrac{\arctan 2^x}{\ln 2} + C$ B) $\dfrac{\sin 2^x}{\ln 2} + C$ C) $\dfrac{\arctan(2^x + 1)}{\ln 2} + C$

D) $\dfrac{1}{\ln 2 \cdot (2^x + 1)} + C$ E) $-\dfrac{1}{\ln 2 \cdot 2^x} + C$

Answers					
1. C	2. E	3. B	4. D	5. B	6. C
7. C	8. A	9. C	10. A	11. C	12. D
13. E	14. E	15. E	16. D		

Integral

Test 5

1. $\int \dfrac{1}{4+64x^2}\,dx = ?$

A) $\dfrac{\arcsin 16x}{16}+C$ B) $\dfrac{\arctan 4x}{16}+C$ C) $\dfrac{\arctan 64x}{16}+C$

D) $\dfrac{\arctan 16x}{64}+C$ E) $\dfrac{\arcsin 4x}{4}+C$

2. $\int \dfrac{-\sin x}{\sqrt{2-\cos^2 x}}\,dx = ?$

A) $\sqrt{2}\arctan\left(\dfrac{\cos x}{\sqrt{2}}\right)+C$ B) $\sqrt{2}\arcsin\left(\dfrac{\cos x}{\sqrt{2}}\right)+C$

C) $\arcsin\left(\dfrac{\cos x}{\sqrt{2}}\right)+C$ D) $\dfrac{\arcsin\left(\dfrac{\cos x}{\sqrt{2}}\right)}{\sqrt{2}}+C$

E) $-\sqrt{2}\arcsin\left(\dfrac{\cos x}{\sqrt{2}}\right)+C$

3. $\int x\cdot \log_5 e^{x^2}\,dx = ?$

A) $\dfrac{x^4}{4\ln 5}+C$ B) $\dfrac{x^3}{3}\log_5 e + C$ C) $\dfrac{x^4}{4}\cdot \log_5 e^{x^2}+C$

D) $2\log_5 e^{x^2} + C$ E) $\dfrac{2\cdot \log_5 e^{x^2}}{\ln 5} + C$

4. $0 < x < \dfrac{\pi}{2}$

$$\int 3\sin^2(\pi - x)\cdot \cos(\pi + x)\, dx = ?$$

A) $\dfrac{\sin^3 x}{3} + C$ B) $\dfrac{\cos^3 x}{3} + C$ C) $\dfrac{\tan^2 x}{2} + C$

D) $-\dfrac{\sin^3 x}{3} + C$ E) $-\sin^3 x + C$

5. $0 < x < \dfrac{\pi}{2}$

$$\int \sqrt{36 - 4x^2}\, dx = ?$$

A) $x\cdot \sqrt{9 - x^2} + \arcsin\dfrac{x}{3} + C$ B) $9x\cdot \sqrt{9 - x^2} + \arcsin\dfrac{x}{3} + C$

C) $x\cdot \sqrt{9 - x^2} + 9\arcsin\dfrac{x}{3} + C$ D) $x\cdot \sqrt{9 - x^2} + \dfrac{x}{3} + C$

E) $x\cdot \sqrt{9 - x^2} + \arcsin x + C$

6. $\int \dfrac{x^2 + 3x + 1}{x^2 + x} dx = ?$

A) $\arctan|x^2| + C$ B) $\ln|x^2 + x| + C$ C) $x + \ln|x^2 + x| + C$

D) $\dfrac{x^2 + \ln|x^2 + x|}{x} + C$ E) $(2x + 1) \cdot \ln|x| + C$

7. $\int \dfrac{1 - \sqrt{x}}{2\sqrt{x}} dx = ?$

A) $\dfrac{(1 - \sqrt{x})^2}{2} + C$ B) $\sqrt{x} - \dfrac{1}{2}x + C$ C) $(\sqrt{x} + 1)^2 + C$

D) $\dfrac{x + \sqrt{x}}{2} + C$ E) $\dfrac{1 + \sqrt{2}x}{2} + C$

8. $\int \dfrac{dx}{\sqrt{x} + x} = ?$

A) $2\sqrt{x} - \ln(1 + \sqrt{x}) + C$

B) $2\ln(1 + \sqrt{x}) + C$ C) $x - \ln(1 + \sqrt{x}) + C$

D) $\dfrac{\ln(1 + \sqrt{x})}{2} + C$ E) $2\ln\left(\dfrac{1 + (x)}{x}\right) + C$

9. $f(x) = \int \left(\cos^2 x + \cos 2x - \dfrac{1}{2}\right) dx$ ve (and) $f(0) = 0$

$\Rightarrow f\left(\frac{\pi}{4}\right) = ?$

A) 1 B) $\frac{3}{4}$ C) $\frac{7}{4}$ D) $\frac{9}{2}$ E) $\frac{9}{4}$

10. $\int \frac{1}{x^2 + 5x + 6} \, dx = ?$

A) $\ln\left(\frac{x+1}{x+2}\right) + C$ B) $\ln\left(\frac{x+3}{x+2}\right) + x + C$ C) $\ln\left(\frac{x+2}{x+3}\right) + C$

D) $\ln\left(\frac{x^3}{3} + \frac{5x^2}{2} + 6x\right) + C$ E) $\ln(x^2 + 5x + 6) + C$

11. $\int \frac{1}{x^2 + 8x + 17} \, dx = ?$

A) $\arctan(x + 4) + C$ B) $\text{arccot}(x + 4) + C$ C) $\ln(x + 4) + C$

D) $\arcsin(x + 4) + C$ E) $\ln(x + 4)^2 + C$

12. $\int \frac{\cot x}{\ln |\sin x|} \, dx = ?$

A) $\ln |\sin x| + C$ B) $\ln|\ln|\sin x|| + C$ C) $\ln |\cos x| + C$

D) $\frac{1}{\ln |\sin x|} + C$ E) $1 + \ln |\sin x| + C$

13. $\int \sin^6 x \cdot \cos^3 x \, dx = ?$

A) $\dfrac{\sin^7 x}{7} + \dfrac{\cos^4 x}{4} + C$

B) $\sin^9 - \sin^7 + C$ C) $\dfrac{\sin^7 x}{7} - \dfrac{\sin^9 x}{9} + C$

D) $\dfrac{\sin^7}{7} - \dfrac{\cos^8 x}{9} + C$ E) $\dfrac{\tan^7}{7} + C$

14. $\int \dfrac{\sqrt[3]{2x+7} - \sqrt{2x+7}}{2x+7} \, dx = ?$

A) $\sqrt[6]{2x+7} + C$ B) $\sqrt[6]{(2x+7)^2} - \sqrt[6]{(2x+7)^3} + C$

C) $\dfrac{3}{2} \sqrt[3]{(2x+7)} - \sqrt{(2x+7)} + C$ D) $\dfrac{3}{2} \sqrt{(2x+7)}$
$ - \sqrt[3]{(2x+7)} + C$

E) $\dfrac{3}{2} \sqrt[3]{(2x+7)^2} + \sqrt{(2x+7)} + C$

15. $\int \dfrac{1}{\sqrt{(x-x^2)}} \, dx = ?$

A) $\arcsin \dfrac{x}{2} + C$ B) $2 \arcsin \dfrac{3x}{2} + C$ C) $\arctan \sqrt{x} + C$

D) $\arcsin \sqrt{x} + C$ E) $2 \arcsin \sqrt{x} + C$

Answers					
1. B	2. C	3. A	4. E	5. C	6. C
7. B	8. B	9. B	10. C	11. A	12. A
13. C	14. C	15. E			

Integral

Test 6

1. $F(x) = \int_0^{\sqrt{x}} (t+2)^{1/2} \, dt \Rightarrow F'(4) = ?$

A) 2   B) 1   C) $\dfrac{1}{2}$ D) $\dfrac{1}{4}$ E) $\dfrac{1}{8}$

2. $F(x) = \int_1^{2x} \cos(t^2) \, dt \Rightarrow F'\left(\dfrac{\sqrt{2\pi}}{4}\right) = ?$

A) $-\dfrac{1}{2}$ B) $-\dfrac{\sqrt{2}}{2}$ C) 0   D) $\dfrac{\sqrt{2}}{2}$ E) $\dfrac{1}{2}$

3. $F(x) = \int_{\sin x}^{0} \dfrac{dt}{2+t} \Rightarrow F'\left(\dfrac{5\pi}{6}\right) = ?$

A) $-\dfrac{\sqrt{3}}{2}$ B) $-\dfrac{1}{3}$ C) $\dfrac{1}{3}$ D) $\dfrac{\sqrt{3}}{3}$ E) $\dfrac{\sqrt{3}}{5}$

4. $F(x) = \int_x^{x^2} \ln(t) \, dt \Rightarrow F'(e) = ?$

A) $4e - 1$ B) $2e - 1$ C) 3   D) 2   E) $4e + 1$

5. $F(x) = \int_x^{\ln x} e^t \, dt \Rightarrow F'(1) = ?$

A) $1+e$ B) $1-e$ C) e D) 0 E) 1

6. $F(x) = \int_{x}^{x^2} \dfrac{\ln t}{2 + \ln^2 t}\, dt \Rightarrow F'(e) = ?$

A) $\dfrac{2e}{3}$ B) $\dfrac{2}{3}$ C) $\dfrac{2e+1}{4}$ D) $\dfrac{2e-1}{3}$ E) $\dfrac{2e+1}{4}$

7. $\int \sin x \cdot f(x)\, dx = \sin^2 x - \cos^2 x + x \Rightarrow f\left(\dfrac{\pi}{3}\right) = ?$

A) 2 B) $\dfrac{2\sqrt{3}}{3}$ C) $2 + \dfrac{2\sqrt{3}}{3}$ D) $\dfrac{2\sqrt{3}+1}{3}$ E) $\sqrt{3} + \dfrac{2}{3}$

8. $\int x \cdot f(x)\, dx = x^3 + 3ax^2 - 2x + 4$

$f(2) = 9 \Rightarrow a = ?$

A) 2 B) $\dfrac{1}{2}$ C) $\dfrac{1}{4}$ D) $\dfrac{2}{3}$ E) $\dfrac{3}{4}$

9. $\int f(x)\, dx = \arctan(2x) + \sin\dfrac{\pi}{2} x - \dfrac{\sqrt{2}\pi}{4} x$

$\Rightarrow f\left(\dfrac{1}{2}\right) = ?$

A) 1 B) $1 + \dfrac{\pi\sqrt{2}}{2}$ C) $1 - \dfrac{2\sqrt{2}}{4}$ D) $\dfrac{1}{2}$ E) $1 + \dfrac{\pi}{2}$

10. $F(x) = \int_0^{2x} \sin\left(\dfrac{\pi}{4}t\right) dt \Rightarrow F'(1) = ?$

A) 1 B) $\dfrac{3}{2}$ C) 2 D) 3 E) $\dfrac{7}{2}$

11. $\int \sec^2 x \, f(x) \, dx = \tan^2 x(1 + \tan x) + x \Rightarrow f\left(\dfrac{\pi}{4}\right) = ?$

A) 3 B) 5 C) $\dfrac{11}{2}$ D) $\dfrac{13}{2}$ E) $\dfrac{15}{2}$

12. $\dfrac{df(x)}{dx} = 3x - 4$ ve (and) $f(-1) = \dfrac{13}{2} \Rightarrow f(x) = ?$

A) $y = \dfrac{3x^2}{2} - 4x + 2$ B) $y = \dfrac{3x^2}{2} - 4x + 1$ C) $y = \dfrac{3x^2}{2} - 4x + 3$

D) $y = \dfrac{1}{2} - x^3 - 2x^2 - 2$ E) $y = x^2 - 4x + 6$

13. $\dfrac{d^2f(x)}{dx^2} = x^2 - 2x, \dfrac{df(1)}{dx} = 0, f(1) = 1 \Rightarrow f(x) = ?$

A) $f(x) = -\dfrac{1}{6}x^3 - \dfrac{1}{3}x^2 + \dfrac{4}{3}x + 2$

B) $f(x) = -\dfrac{1}{12}x^3 - \dfrac{1}{6}x^2 + \dfrac{4}{3}x + 1$

C) $f(x) = -\dfrac{1}{12}x^3 - \dfrac{1}{3}x^2 + \dfrac{4}{3}x - \dfrac{1}{24}$

D) $f(x) = -\dfrac{1}{12}x^4 - \dfrac{1}{3}x^3 + \dfrac{4}{3}x + \dfrac{1}{12}$

E) $f(x) = -\dfrac{1}{12}x^4 - \dfrac{1}{3}x^3 + \dfrac{1}{2}x^2 + \dfrac{4}{3}x + \dfrac{1}{12}$

14. $\dfrac{d^3f(x)}{dx^3} = e^x + 1, \dfrac{d^2f(0)}{dx^2} = 1, \dfrac{df(0)}{dx} = 2, f(0) = 3$

$\Rightarrow f(x) = ?$

A) $f(x) = e^x + \dfrac{x^2}{3} + x + 9$ B) $f(x) = e^x + \dfrac{x^2}{3} + 3x + 6$

C) $f(x) = 2e^x + \dfrac{x \cdot e^x}{3} + x^2 \cdot e^x + 12$

D) $f(x) = e^x + \dfrac{e^{2x}}{3} + x \cdot e^x + 6$

E) $f(x) = e^x + \dfrac{1}{6}x^3 + x + 2$

15. $\dfrac{df(x)}{dx} = x^2 - x, f(3) = 4 \Rightarrow f(1) = ?$

A) 2   B) $\dfrac{3}{2}$ C) $\dfrac{1}{3}$ D) $-\dfrac{2}{3}$ E) -2

16. $F(x) = \displaystyle\int (x^2 - 1)e^{x^3 - 3x}\, dx, F(\sqrt{3}) = 3 \Rightarrow F(x) = ?$

A) $e^{x^3 - 3x} + \dfrac{3}{4} + 7$ B) $\dfrac{1}{3}e^{x^3 - 3x} + \dfrac{8}{3}$ C) $(x^2 - 1)e^{x^2 - 1}$

D) $\dfrac{1}{2}e^{x^2 - 1} + \dfrac{9}{4}$ E) $\dfrac{1}{3}e^{x^3 - 3x} + \dfrac{11}{3}$

17. $f(x) = \dfrac{2x}{x^2+5}$, $f(1) = \dfrac{1}{3}$ ve (and) $\int d\left(\dfrac{2x}{x^2+5}\right) = \dfrac{3}{7}$

$\sum x = ?$

A) 4   B) $\dfrac{13}{3}$ C) $\dfrac{14}{3}$ D) 5   E) $\dfrac{7}{3}$

18. $f(x) = \int \dfrac{1}{x \ln x} dx$ ve (and) $f(e) = 6 \Rightarrow f(x) = ?$

A) $\ln x + 6$

B) $\ln^2 x + 6$ C) $2\ln x + 3$ D) $\ln(\ln x) + 6$ E) $x^2 \ln x + 9$

Answers					
1. C	2. C	3. E	4. A	5. B	6. D
7. C	8. D	9. A	10. C	11. C	12. B
13. D	14. E	15. D	16. B	17. C	18. D

Integral

Test 7

1. $\int_{-2}^{1} |x|\, dx = ?$

A) $\dfrac{7}{2}$ B) 4   C) 3   D) $\dfrac{11}{4}$ E) $\dfrac{5}{2}$

2. $\int_1^3 (x+1)e^{x^2+2x} \, dx = ?$

A) $\dfrac{e^3}{2}(e^{12}-1)$ B) $\dfrac{e^2}{3}(e^9-1)$ C) $\dfrac{e^{12}}{3}-1$

D) $e^{15}-15$ E) $\dfrac{1}{2}e^3(e^9+1)$

3. $\int_4^6 \dfrac{2}{(x-3)^3} \, dx = ?$

A) 2   B) $\dfrac{3}{2}$ C) 1   D) $\dfrac{2}{3}$ E) $\dfrac{3}{4}$

4. $\int_{1/2}^3 \dfrac{1}{x^2} \, dx = ?$

A) $-\dfrac{1}{3}$ B) $-\dfrac{1}{6}$ C) 2   D) $\dfrac{5}{3}$ E) $\dfrac{5}{4}$

5. $\int_3^4 \dfrac{e^{\ln x}}{x} \, dx = ?$

A) $2 \cdot \ln 2$ B) 0   C) 3   D) 2   E) 1

6. $\int_0^2 x^2 e^{x^3} \, dx = ?$

A) $\dfrac{1}{3}(e^6-1)$ B) $\dfrac{e}{3}(e^6-1$ C) $\dfrac{1}{3}e^9-1$

D) $e^6 - 1$ E) $\frac{1}{6}(e^6 - 1)$

7. $\int_1^2 x \ln x \, dx = ?$

A) $\ln 2 - 1$ B) $\frac{5}{4}$ C) $\ln 4 - 3$

D) $\ln 4 - \frac{3}{4}$ E) $\ln 8 - \frac{1}{2}$

8. $\int_0^1 \frac{dx}{4 - x^2} = ?$

A) $\frac{1}{2} \ln 3$ B) $\frac{3}{4}$ C) $\frac{\pi}{3}$ D) $\frac{1}{4} \ln \left(\frac{3}{4}\right)$ E) $\frac{\pi}{6}$

9. $\int_0^2 \frac{dx}{4 + x^2} = ?$

A) $\frac{1}{4}$ B) $\frac{1}{8}$ C) $\frac{\pi}{4}$ D) $\frac{\pi}{6}$ E) $\frac{\pi}{8}$

10. $\int \frac{dx}{\sqrt{4 - (x - 1)^2}} = ?$

A) $\arcsin \left(\frac{x-1}{2}\right) + C$ B) $\arccos \left(\frac{x-1}{2}\right) + C$

C) $\text{arcsec} \left(\frac{x-1}{2}\right) + C$ D) $\arctan \left(\frac{x-1}{4}\right) + C$

E) $\operatorname{arccosec}\left(\dfrac{x-1}{4}\right) + C$

11. $\displaystyle\int \dfrac{dx}{x \cdot \sqrt{a^2 + x^2}} = ?$

A) $\dfrac{x}{a + \sqrt{a^2 - x^2}} + C$ B) $\dfrac{1}{a}\ln\left|\dfrac{x}{a + \sqrt{x^2 + a^2}}\right| + C$

C) $\dfrac{1}{a^2}\arcsin\left(\dfrac{x}{a + \sqrt{x^2 + a^2}}\right) + C$ D) $\dfrac{ax}{a + \sqrt{x^2 + a^2}} + C$

E) $\dfrac{1}{a^2}\ln\left|\dfrac{2x}{a + \sqrt{x^2 + a^2}}\right| + C$

12. $\displaystyle\int_{2\sqrt{2}}^{3} \dfrac{dx}{x\sqrt{9 - x^2}} = ?$

A) $\ln(\sqrt{6} + \sqrt{2}) - \ln 2$ B) $\dfrac{1}{2}\ln(2 + \sqrt{3})$ C) $\ln\sqrt{6} - \ln\sqrt{3}$

D) $\ln\sqrt{3} - 1$ E) $\ln\sqrt{2} + 1$

13. $\displaystyle\int_{0}^{\pi/8} \sec 2t\, dt = ?$

A) $\ln(\sqrt{6} + \sqrt{2}) - \ln 2$ B) $\ln(\sqrt{3} + 1) - \ln 2$

C) $\ln\sqrt{6} - \ln\sqrt{3}$ D) $\ln\sqrt{3} - 1$

E) $\ln\sqrt{2} + 1$

14. $\int \tan^2 4x \, dx = ?$

A) $\dfrac{1}{4}\tan^2 4x + x + C$ B) $\dfrac{1}{4}\tan^2 4x + 4x - x + C$

C) $\dfrac{1}{16}\tan 4x - x + C$ D) $\dfrac{1}{16}\tan^2 4x - 2x + C$

E) $\dfrac{1}{4}\tan 4x - x + C$

15. $\int_{e/3}^{e^6/3} \dfrac{dx}{x \ln(3x)} = ?$

A) 3   B) $\dfrac{1}{2}\ln 3$ C) $\ln 6$ D) 6   E) $\dfrac{3}{4}$

16. $\int \tan^3 x \cdot \sec x \, dx = ?$

A) $\dfrac{1}{3}\tan^3 x - \tan x + C$ B) $\dfrac{1}{4}\tan^3 x + \tan x + C$

C) $\dfrac{1}{4}\sec^4 x + \tan x + C$ D) $\dfrac{1}{3}\sec^3 x - \sec x + C$

E) $\dfrac{1}{2}\sec^2 x + \sec x + C$

Answers					
1. E	2. A	3. E	4. D	5. E	6. A
7. D	8. D	9. E	10. A	11. B	12. B
13. B	14. E	15. C	16. D		

Integral

Test 8

1. $\dfrac{dy}{dx} = \dfrac{1}{9+x^2} \Rightarrow \int_0^3 dy = ?$

   A) $\dfrac{\pi}{6}$ B) $\dfrac{\pi}{9}$ C) $\dfrac{\pi}{12}$ D) $\dfrac{\pi}{18}$ E) $\dfrac{\pi}{24}$

2. $\int \dfrac{\sin x}{2 - \cos x} dx = ?$

   A) $2 + \cos x + C$ B) $\ln(2 - \cos x) + C$
   C) $\ln(2 - \sin x) + C$ D) $2 - \ln(\cos x) + C$
   E) $\ln(4 - \tan x) + C$

3. $\int \dfrac{x\,dx}{1-x^2} = ?$

A) $-\dfrac{1}{2}\ln|1-x^2| + C$ B) $\dfrac{1}{2}\ln|1-x^2| + C$

C) $\dfrac{1}{4}\ln|1-x| - \dfrac{1}{4}\ln|1+x| + C$

D) $\ln|x^2 - 1| + C$ E) $2\ln|x-1| + C$

4. $\int (\ln x)^2 \dfrac{dx}{x} = ?$

A) $\dfrac{1}{2}\ln x^2 + c$ B) $\dfrac{1}{3}(\ln x)^3 + c$ C) $\dfrac{1}{3}\ln x^3 + c$

D) $\dfrac{1}{6}(\ln x)^2 + c$ E) $3\ln x + c$

5. $\int e^{\sin x} \cos x\, dx = ?$

A) $e^{\cos} + C$ B) $e^{\tan x} + C$ C) $e^{\sin x} + x + C$

D) $e^{\cos x + 1} + C$ E) $e^{\sin x} + C$

6. $\displaystyle\int_e^{e^2} \dfrac{dx}{x \ln x} = ?$

A) $\dfrac{1}{2}$ B) 2 C) $-\ln 2$ D) $\ln 2$ E) $2\ln 2$

7. $\displaystyle\int_0^{\ln 2} e^{-2x}\, dx = ?$

A) $\dfrac{3}{4}$ B) $\dfrac{3}{8}$ C) $\dfrac{3}{16}$ D) $\dfrac{5}{6}$ E) $\dfrac{5}{8}$

8. $\displaystyle\int_0^{\pi/8}(\cos x)\cdot 4^{-\sin x} = ?$

A) $\dfrac{1}{\ln 16}$ B) $\dfrac{1}{\ln 8}$ C) $\dfrac{1}{\ln 4}$ D) $\dfrac{1}{\ln 2}$ E) $2\ln 2$

9. $\displaystyle\int_0^3 x(e^{x^2-1}) = ?$

A) $\dfrac{e^9+1}{2e}$ B) $\dfrac{e^9-1}{e}$ C) $\dfrac{e^9-1}{2e}$

D) $\dfrac{e^6-1}{e}$ E) $\dfrac{1-e^9}{4}$

10. $\displaystyle\int_0^1 (e^x+1)\,dx = ?$

A) 1   B) e   C) e + 1   D) e − 1   E) 2e

11. $\displaystyle\int \sec x\, dx = ?$

A) $\ln|\sec x + \tan x| + C$ B) $\ln|\sec x - \tan x| + C$

C) $\sec x \cdot \tan x + C$ D) $\sec x + \tan x + C$

E) $\dfrac{1}{2}|\sec x + \tan x| + C$

12. $\int_0^{\pi/6} \sec x \, dx = ?$

A) $\dfrac{2}{3}$ B) $\dfrac{1}{6}$ C) $\dfrac{1}{3}$ D) $-\dfrac{1}{3}$ E) $-\dfrac{2}{3}$

13. $\int_{\pi/6}^{\pi} \tan^3 2x \, dx = ?$

A) $\dfrac{3}{2}$ B) $\dfrac{\ln 2 + 3}{2}$ C) $\dfrac{\ln 4 - 3}{4}$

D) $\ln 4 + 1$ E) $\ln 2 - 1$

14. $\int_0^{\pi/4} \dfrac{\sec^2 x}{2 + \tan x} \, dx = ?$

A) 0 B) 1 C) 2 D) $\ln 2 - \ln 3$ E) $\ln 3 - \ln 2$

15. $\int_{\pi/18}^{\pi/6} \sin^2 3x \cdot \cos 3x \, dx = ?$

A) $\dfrac{3}{8}$ B) $\dfrac{5}{16}$ C) $\dfrac{9}{32}$ D) $\dfrac{11}{72}$ E) $\dfrac{7}{72}$

16. $\int_0^{\pi/3} \dfrac{\sin^3 x}{\cos^2 x} \, dx = ?$

A) $\dfrac{3}{2}$ B) 1 C) $\dfrac{3}{4}$ D) $\dfrac{1}{2}$ E) $\dfrac{1}{4}$

17. $\int_0^1 \dfrac{dx}{\sqrt{4-x^2}} = ?$

A) $\dfrac{1}{2}$ B) $\dfrac{\pi}{3}$ C) $\dfrac{\pi}{4}$ D) $\dfrac{\pi}{6}$ E) $\dfrac{\pi}{12}$

18. $\int_0^2 \dfrac{x\,dx}{4+x^2} = ?$

A) $\ln\sqrt{2}$ B) $\ln 2$ C) $\ln\sqrt[3]{2}$ D) $2\ln 2$ E) $3\ln 2$

19. $\int_0^{\pi/4} \dfrac{\sin\theta}{\sqrt{1-\cos^2\theta}}\,d\theta = ?$

A) $\dfrac{3}{2}$ B) $\dfrac{3}{4}$ C) $\dfrac{\pi}{4}$ D) $\dfrac{\pi}{12}$ E) $\dfrac{\pi}{18}$

Answers					
1. C	2. B	3. A	4. B	5. A	6. D
7. B	8. A	9. C	10. B	11. A	12. C
13. C	14. E	15. E	16. D	17. D	18. A
19. C					

Integral

Test 9

1. $\int_0^1 x^2 e^x \, dx = ?$

A) $5e+1$ B) $2e-1-4$ C) $e-2$ D) $e+2$ E) e

2. $\int_0^{2\sqrt{3}} \dfrac{(x^2+4) \cdot x}{(x^2+4)^2} \, dx = ?$

A) 2 B) $\dfrac{5}{2}$ C) $4\ln 2$ D) $\ln 2$ E) $\ln\sqrt{2}$

3.

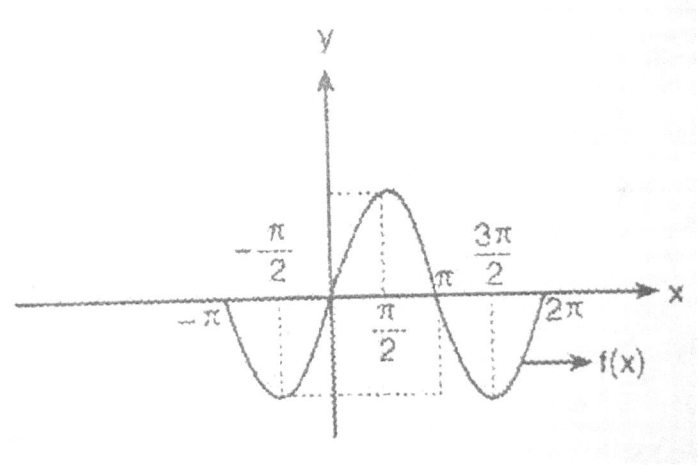

$f(x) = \sin x \Rightarrow \int_{-\pi}^{2\pi} \sin x \, dx = ?$

A) 6   B) 4   C) 3   D) 2   E) 1

4. $\int_{1}^{2} (2x + 5) \, dx = ?$

A) 6   B) 8   C) 9   D) 10   E) 12

5. $\int_{0}^{1} (x^2 - 2x + 2) \, dx = ?$

A) $\dfrac{7}{3}$ B) $\dfrac{5}{2}$ C) 3   D) $\dfrac{9}{2}$ E) 5

6. $\int_{-1}^{1} (x+1)^2 \, dx = ?$

A) 3   B) $\frac{7}{2}$ C) 4   D) $\frac{17}{4}$ E) $\frac{13}{3}$

7. $\int_{0}^{2} \sqrt{4x+1} \, dx = ?$

A) 3   B) $\frac{7}{2}$ C) 4   D) $\frac{17}{4}$ E) $\frac{13}{2}$

8. $\int_{0}^{1} \frac{dx}{(2x+1)^3} = ?$

A) $\frac{1}{3}$ B) $\frac{1}{6}$ C) $\frac{4}{9}$ D) $\frac{1}{12}$ E) $\frac{1}{15}$

9. $\int_{a}^{b} (4x+1) \, dx = 30$

$b - a = 6 \Rightarrow a + b = ?$

A) 12   B) 8   C) 5   D) 4   E) 2

10. $\int_{0}^{\pi/6} \frac{\sin 2x}{\cos^2 2x} \, dx = ?$

A) 3   B) $\frac{3}{2}$ C) 1   D) $\frac{1}{2}$ E) $\frac{1}{4}$

11. $\int_0^\pi \sin^2 x \, dx = ?$

A) $\dfrac{\pi}{2}$ B) $\dfrac{\pi}{3}$ C) $\dfrac{\pi}{4}$ D) $\dfrac{1}{4}$ E) $\dfrac{1}{2}$

12. $\int_0^{\pi/4} \cos^2 x \, dx = ?$

A) $\dfrac{\pi}{8}$ B) $\dfrac{\pi+2}{8}$ C) $\dfrac{\pi-2}{8}$ D) $\dfrac{\pi+4}{16}$ E) $\dfrac{\pi-4}{16}$

13. $\int_{\pi/4}^{\pi/2} \dfrac{\cos x}{\sin^2 x} \, dx = ?$

A) $\sqrt{2}$ B) $1 - \sqrt{2} + 1$ C) $\sqrt{2} - 1$ D) $\sqrt{2}$ E) $2\sqrt{2} - 1$

14. $\int_0^1 \arcsin x \, dx = ?$

A) $\dfrac{\pi+1}{2}$ B) $\dfrac{\pi-2}{2}$ C) $\dfrac{\pi-2}{2}$ D) $\dfrac{\pi-1}{3}$ E) $\dfrac{\pi-4}{4}$

15. $\int_0^1 (x^2 + 3)x \, dx = ?$

A) $\dfrac{7}{4}$ B) $\dfrac{11}{2}$ C) $\dfrac{13}{2}$ D) $\dfrac{17}{4}$ E) 6

16. $\int_0^{\pi/2} \sqrt{1 + \cos x} \, dx = ?$

A) 1   B) $\sqrt{2} + 1$ C) $\sqrt{3} - 1$ D) 2   E) $2\sqrt{2}$

17. $\int_0^{\pi/3} \dfrac{dx}{\cos^4 x} = ?$

A) $\sqrt{3} + 1$ B) $2\sqrt{3} + \sqrt{3}$ C) $\sqrt{3} - 1$ D) $2\sqrt{3} + 1$ E) 2

18. $\int_0^{1/\sqrt{8}} x \cdot \cos(\pi x^2) \, dx = ?$

A) $\dfrac{1}{2\pi}$ B) $\dfrac{1}{4}$ C) $\dfrac{1}{4\pi}$ D) $\dfrac{1}{6}$ E) $\dfrac{1}{8}$

19. $\int_0^1 \dfrac{3x + 1}{\sqrt[3]{3x^2 + 2x + 3}} \, dx = ?$

A) $3 - \dfrac{3\sqrt[3]{9}}{4}$ B) $\dfrac{11}{2}$ C) 5   D) $\dfrac{7}{4}$ E) 1

Answers					
1. C	2. D	3. E	4. B	5. A	6. B
7. E	8. C	9. E	10. C	11. A	12. B
13. C	14. B	15. A	16. D	17. B	18. C
19. A					

Integral

Test 10

1. $\int x f(x) \, dx = x^3 + 3x^2 + 4x + 6 \Rightarrow f(x) = ?$

A) $3x + \dfrac{4}{x} + 6$ B) $3x^2 + 6x + 4$ C) $3x^2 + \dfrac{4}{x} + 2$

D) $x^2 + 3x + \dfrac{6}{x} + 4$ E) $6x + \dfrac{2}{x} + 3$

2. $f'(x) = 4x^3 + 6x^2 + 2x + 3$ ve $f(2) = 56 \Rightarrow f(x) = ?$

A) $x^4 + 3x^3 + x^2 + 3x - 8$ B) $x^4 + 2x^3 + x^2 + 3x + 14$

C) $x^4 + x^3 + 2x^2 - 17$ D) $x^4 + x^3 + x^2 + 3x + 16$

E) $x^4 + x^3 + 3x^2 + x - 16$

3. $f: \mathbb{R} - \{3\} \to \mathbb{R} - \{1\}$

$f(x) = \dfrac{x - 3}{x - 4}$

$\int d\left(f^{-1}(x)\right) = ?$

A) $4 + \ln|x - 1| + C$
B) $4x - \ln|x - 1| + C$

C) $4x + \ln|x - 1| + C$
D) $\dfrac{4x - 3}{x - 1} + C$

E) $\dfrac{-4x + 3}{x + 1} + C$

4. $\int [f(x)]^2 \cdot f'(x) \, dx = ?$

A) $\dfrac{1}{3}[f(x)]^3 + C$
B) $2f(x) + C$
C) $2\ln[f(x)]^2 + C$

D) $\dfrac{f(x)}{1 + f(x)} + C$
E) $\arctan[f(x)]^3 + C$

5. $F(x) = \int_0^{2x} \arctan\left(\dfrac{t}{3}\right) dt$

$F'\left(\dfrac{3\sqrt{3}}{2}\right) = ?$

A) $\dfrac{\pi}{3}$
B) $\dfrac{\pi}{2}$
C) $\dfrac{2\pi}{3}$
D) $\dfrac{\pi}{6}$
E) $\dfrac{3\pi}{4}$

6. $\int \dfrac{(x + 1)}{x^2 + 2x + 2} \, dx = ?$

A) $\ln(x^2 + 2x + 2) + C$
B) $\dfrac{1}{2}(x^3 + x^2 + 2x) + C$

C) $x^4 + x^3 + 2x^2 + x + C$ D) $\frac{1}{2}\ln(x^2 + 2x + 2) + C$

E) $\arctan(x^2 + 2x + 2) + C$

7. $\int \dfrac{x}{2x - 1} \, dx = ?$

A) $\dfrac{1}{2}x^2 + \dfrac{1}{2}\ln|2x - 1| + C$ B) $\dfrac{1}{2}x + \dfrac{1}{2}\ln|2x - 1| + C$

C) $\dfrac{1}{2}x^3 + \dfrac{1}{4}\ln|2x - 1| + C$ D) $\dfrac{1}{2}x - \dfrac{1}{4}\ln|2x - 1| + C$

E) $\dfrac{1}{2}x + \dfrac{1}{4}\ln|2x - 1| + C$

8. $\int \dfrac{x^2 + 2x + 1}{x^2 + 1} \, dx = ?$

A) $2x + \arctan x + C$ B) $x + \ln(x^2 + 1) + C$

C) $x - \ln(x^2 + 1) + C$ D) $\dfrac{1}{2}x^2 + \ln(x^2 + 1) + C$

E) $\dfrac{1}{2}x + \ln(x^2 + 1)^2 + C$

9. $\int \dfrac{x \, dx}{(x^2 + 1)^2} = ?$

A) $\dfrac{x^2 + 1}{2} + C$ B) $\dfrac{-1}{2(x^2 + 1)} + C$ C) $\dfrac{1}{x^2 + 1} + C$

D) $\dfrac{1}{2(x^2+1)} + C$ E) $\dfrac{-1}{(x^2+1)^3} + C$

10. $\displaystyle\int \dfrac{2x^2 + 6x - 2}{x^2 + 2x - 2}\,dx = ?$

A) $2x - \ln|x^2 + 2x - 2| + C$ B) $x^2 + 4x - 8 + C$
C) $2x + \ln|x^2 + 2x - 2| + C$ D) $x - \ln|x^2 - 2x - 2| + C$
E) $2x + \dfrac{1}{2}\ln|x^2 + 2x - 2| + C$

11. $\displaystyle\int \dfrac{x^2 + 2x - 1}{3 - x}\,dx = ?$

A) $-\dfrac{1}{2}x^2 - 5x - 14\ln|3 - x| + C$ B) $\dfrac{1}{2}x^2 - 5x + 14\ln|x - 3| + C$

C) $-x^2 + 5x - 12\ln|x - 3| + C$ D) $\dfrac{1}{2}x^2 - 5x - 14\ln|3 - x| + C$

E) $2x - 3x + 8\ln|3 - x| + C$

12. $\displaystyle\int x \cdot e^{-x^2}\,dx = ?$

A) $-e^{-x^2} + C$ B) $-\dfrac{1}{2}e^{-x^2} + C$ C) $\dfrac{1}{3}e^{-x^2} + C$

D) $e^{-x^2} + C$ E) $\frac{1}{2}e^{-x^2} + C$

13. $\int \dfrac{e^x\, dx}{1+e^{2x}} = ?$

A) $e^x + C$ B) $\ln(1+e^{2x}) + C$ C) $\arctan(e^x) + C$

D) $\arctan(e^{2x}) + C$ E) $e^{2x} + x + C$

14. $\int \dfrac{1+e^{\arctan x}}{1+x^2}\, dx = ?$

A) $\arctan x + e^{\text{arcta}} + C$ B) $x + e^{\arctan x} + C$

C) $x + \arctan x + C$ D) $2e^{\arctan x} + C$

E) $x - e^{\arctan x} + C$

15. $\int \dfrac{\sec^2 x}{1+\tan x}\, dx = ?$

A) $\ln(\tan x) + C$ B) $\ln(1+\tan x) + C$

C) $e^{1+\tan} + C$ D) $\arctan(1+\tan x) + C$

E) $\dfrac{1}{2}\ln(1-\tan x) + C$

16. $\int e^{\tan 2x} \cdot \sec^2 2x\, dx = ?$

A) $\dfrac{1}{2} e^{\tan 2x} + C$ B) $e^{\tan 2x} + C$ C) $\ln(e^{\tan 2x}) + C$

D) $e^{\tan x} + C$ E) $\dfrac{1}{2} e^{\tan 2x} + x + C$

17. $\displaystyle\int \dfrac{\sin 3x}{4 + \cos^2 3x}\, dx = ?$

A) $\dfrac{1}{12} \arctan(\cos^2 3x) + C$ B) $\dfrac{1}{6} \ln(\cos 3x) + C$

C) $\dfrac{1}{6} \text{arccot}\left(\dfrac{1}{2}\cos 3x\right) + C$ D) $-\dfrac{1}{2} \arctan(\cos 3x) + C$

E) $-\dfrac{1}{6} \arctan\left(\dfrac{1}{2}\cos 2x\right) + C$

Answers					
1. A	2. B	3. D	4. A	5. C	6. D
7. E	8. B	9. B	10. C	11. A	12. B
13. C	14. A	15. B	16. A	17. E	

www.ingramcontent.com/pod-product-compliance
Lightning Source LLC
Chambersburg PA
CBHW052340220526
45465CB00003BA/892